U0854738

科技服务企业知识资本与能力体系研究

孟庆涛　张伟伟◎著

文化发展出版社
Cultural Development Press
·北京·

图书在版编目（CIP）数据

科技服务企业知识资本与能力体系研究 / 孟庆涛，张伟伟著．— 北京 ：文化发展出版社，2023.10
ISBN 978-7-5142-4156-3

Ⅰ．①科… Ⅱ．①孟… ②张… Ⅲ．①科技服务－服务业－研究－中国 Ⅳ．① G322

中国国家版本馆 CIP 数据核字（2023）第 213132 号

科技服务企业知识资本与能力体系研究

孟庆涛　张伟伟　著

出 版 人：宋　娜
责任编辑：任秀颖　　　　责任校对：侯　娜
责任印制：邓辉明　　　　封面设计：守正文化
出版发行：文化发展出版社（北京市翠微路 2 号 邮编：100036）
网　　址：www.wenhuafazhan.com
经　　销：全国新华书店
印　　刷：天津和萱印刷有限公司

开　　本：710mm×1000mm　1/16
字　　数：214 千字
印　　张：12
版　　次：2024 年 3 月第 1 版
印　　次：2024 年 3 月第 1 次印刷

定　　价：72.00 元
I S B N：978-7-5142-4156-3

前言

当前，建设科技强国，助力经济高质量发展已成为时代主旋律。科技服务企业通过发挥科技资源整合功能，大大加速了科技经济的深度融合，促进了经济快速增长。党的十九届五中全会提出“把科技自立自强作为国家发展的战略支撑”，对科技服务企业也提出了更高要求。相较于发达国家，我国科技服务企业仍普遍存在介入科技创新程度偏低、主体间协同创新不足等问题，尚无法满足科技和产业创新发展的需要。同时鉴于科技服务企业活动的复杂性和专业性特点，也需要相关企业具备相应动态能力体系。目前，支撑科技服务企业能力提升的知识要素和机制尚需明晰，对利用自身知识资本和能力体系提升企业绩效的路径也有待探究。

为此，本书聚焦本土科技服务企业，围绕企业的知识资本、能力体系构成以及两者的组态关系等议题，在产业共生理论和协同创新理论的指导下，以案例研究为主要研究方法，通过综合运用文献研究、案例研究、扎根理论和组态分析等多种研究方法，探索科技服务企业中知识资本对其能力体系的影响。主要内容如下。

第一，科技服务企业知识资本研究。基于知识基础资源视角，本书采用多案例研究和程序化扎根理论方法进行研究，将科技服务企业的知识资本分为“科技知识资源”“服务知识资源”“市场知识资源”“内部知识网络”“外部知识网络”“知识管理制度”“组织学习氛围”7个维度进行分析，并归纳出“知识资源”“知识网络”“结构资本”3个核心范畴，在此基础上构建了科技服务企业“知识资本组合模型”。所有核心要素相互影响，共同作用于科技服务企业，为下一步开展知识资本对能力体系的影响研究奠定了基础。

第二，科技服务企业能力体系研究。本书采用纵向双案例研究方法对科技服务企业能力体系开展了扎根理论分析。研究发现：其一，协同共生视角下的科技服务企业能力体系由“跨产业联结能力”“产业内耦合能力”“全面协同能力”“国际联接能力”4种能力要素构成；其二，科技服务企业能力体系中的各要素对科技服务企业都发挥特定作用，科技服务企业能力体系通过发挥多种因素的协同作用，实现能力要素的系统组合，效果远大于单个要素效用的简单加总；其三，基于产业共生理论，根据科技服务企业在发展过程中对创新链条上“科技活动”与“产业活动”介入程度的动态演变过程，把科技服务企业分为“单向关联阶段”“双向延伸阶段”“双向共生阶段”3个发展阶段，进而识别出科技服务企业能力体系演变规律。单向关联阶段以跨产业联结能力为主导，以产业内耦合能力和国际联接能力为辅；双向延伸阶段以产业内耦合能力为主导，辅以跨产业联结能力和国际联接能力；而双向共生阶段则以全面协同能力为主导，同时辅以国际联结能力。

第三，科技服务企业知识资本与能力体系的组态研究。运用组态分析方法，探究科技服务企业知识资本对能力体系的影响机理，通过分阶段开展组态分析，探索性识别出7种典型的科技服务企业知识资本和能力体系的匹配组合。研究发现：其一，知识资本的任何单一因素都不能独立地促使科技服务企业能力得到提升，知识资源、知识网络和结构资本三类知识资本在影响科技服务企业能力体系的组态中均不可或缺。在各个发展阶段，科技服务企业知识资本与能力体系的匹配组合均不是唯一的，且每个路径都是5至7个单一因素的组合。其二，知识资源和知识管理制度是多个组态因素中影响科技服务企业能力提升的核心要素。科技服务企业在对知识资本的构建中应聚焦知识资源持续累积和知识管理制度的逐步优化，进而实现企业服务能力的快速提升。其三，随着企业生命周期变化，科技服务企业知识资本对能力体系的影响可以表现为三种差异化的演化路径，包括科技知识主导的组态演化路径、服务知识主导的组态演化路径和市场知识主导的组态演化路径，为不同类型的科技服务企业（即研发型、平台型和转移型科技服务企业）能力体系优化提升提供针对性的管理指导。

本书聚焦科技服务企业探究其知识资本对能力体系的影响机理。首先，基于知识基础视角揭示了作为具有知识密集性和高度专业性的科技服务企业知识资本的构成维度，为相关企业构建知识资源体系并利用知识资本提升自身竞争力提供了理论依据。其次，基于协同共生视角揭示了科技服务企业能力体系的构成维度及其动态演变规律，为科技服务企业基于生命周期打造自身能力体系提供了决策依据。最后，引入组态效应分析方法，从组态视角揭示了科技服务企业知识资本与能力体系的组态关系以及组态演化路径，明晰了科技服务企业知识资本对能力体系的作用机制，为科技服务企业利用其知识资本动态调整能力体系提供了路径指引。

目录

1 绪论

1.1 研究背景

1.1.1 现实背景

当前，科技服务业已成为我国现代服务业的重要组成部分，其对国民经济的贡献和支撑作用日益增强[1]。首先，从中央到地方对科技服务业发展越来越重视。党的十八大以来，党中央、国务院积极实施创新驱动发展战略，同时出台了一系列政策，为科技服务业的迅速壮大提供了有力支持。特别是在2014年10月，国务院发布了《关于加快科技服务业发展的若干意见》明确强调重点发展研究开发、技术转移、检验检测认证、创业孵化、知识产权、科技咨询、科技金融、科学技术普及等专业科技服务和综合科技服务，这些举措旨在提升科技服务业在支撑科技创新和促进产业发展方面的能力。之后各地也都纷纷出台了符合本地实际的政策，如2015年5月，北京市人民政府出台了《关于加快首都科技服务业发展的实施意见》。同月，上海市充分借助自身科技创新中心建设的优势，制定了《关于加快建设具有全球影响力的科技创新中心的意见》，着重强调了对科技服务业的有力支持。该意见强调要培育一系列知名的科技服务机构和骨干企业，积极打造多个科技服务产业集群，进一步促进科技服务业的发展。2022年1月，广州市科学技术局印发了《促进高新技术企业专业科技服务发展工作方案（试行）》，鼓励优质专业科技服务机构做强做大，带动提高行业服务水平，为科技企业提供全链条服务，提升企业创新能力。

其次，创新模式转变对科技服务企业提出了更高要求。随着信息技术的日益发展，传统的封闭式创新模式已不能满足企业的业务和战略需求。唯有使用更开放的方法，积极吸纳外部创新资源，迅速获取新技术，才能增强核心竞争力。Chesbrough[2]在提出开放式创新概念时便指出，企业可以同时利用内外部创新资源和商业化资源。21世纪被认为是全球创新迅猛发展的时代，经济和科技的融合不断深化，开放式创新模式愈发重要，逐渐成为企业创新的主要模式。在这种开放式创新模式下，企业对外部知识资源的获取能力显得尤为重要。与此同时，由于个体的创新学习和创新能力并不能确保快速获取和吸收外部知识资源，越来越多的个体转向寻求专业的外部服务。在这一背景下，科技服务企业作为创新系统中的重要节点，发挥着连接不同创新主体的关键作用，以促进技术和知识的转移与交流。一方面，它能够有效解决市场信息不对称的问题，降低技术交易成本和信息搜索难度；另一方面，它还能充当技术知识的生成、转移转化以及知识应用等多方面综合性服务的提供者，使科技成果更容易通过企业边界渗入内部，从而有效配置科技和创新资源，提升创新能力。这表明开放式创新对科技服务企业提出了新的要求，同时也扩大了其市场空间。

再次，国内市场面临科技服务企业服务有效供给不足的问题。一方面，科技服务业是为科技创新及其成果转移转化活动提供专业化服务的产业部门，是建立现代化经济体系的重要战略支撑，也是解决经济与科技“两张皮”问题的重要抓手，是推动区域经济高质量发展的重要引擎。根据中研普华产业研究院的报告《2022—2026年中国科技服务行业竞争格局及发展趋势预测报告》分析，随着中国科技产业的迅速发展，综合科技服务业市场需求将持续扩大，预计到2025年会增加到2.63万亿元。另一方面，虽然目前国内市场上存在大量的科技服务供给，但其发展仍无法完全满足和适应科技经济深度融合和创新发展的需要。从科技服务业产业链布局来看，国内科技服务企业科技服务层次较低、同质化现象较为严重，缺乏核心技术、自主品牌以及骨干、龙头科技服务机构。此外，与国外先进科技服务机构相比，国内科技服务企业还存在个体功能单一，机构之间缺乏协同，网络化、链条式的服务生态尚未形成以及未能建立覆盖知识生产、转移、传播与应用的全链条服务能力体系等问题，导致适应新时期产业创新发展需求的高端科技服务供应明显不足。因此，服务能力和服务水平的提升依然是当前科技服务企业面临的重要现实问题。

最后，知识资本成为科技服务企业能力提升的重要支撑。伴随着知识经济时代的到来，现代企业所处的商业环境变化速度越来越快，市场竞争日趋激烈，知识成为一种可以创造价值的资源[3]。因此，高效地掌握和利用知识，并对知识进行有效管理，成为构建企业核心能力的关键。科技服务企业具有知识密集型的特征，与其他服务类企业有显著的差异，科技服务不只是一个单纯的信息传递、衔接过程。除了从外部获取知识来提高企业绩效，科技服务企业还应具备知识创造能力，对多领域、不同途径的知识进行融合，促使企业在现有知识水平上不断进行知识创造[4]，能够根据不同需求对技术进行适应性改造，进而提升合作主体之间知识传递效果[5]。而当前大部分科技服务企业尚未能充分与其他创新主体建立紧密的知识网络，仍然表现为单打独斗的服务模式，导致科技服务企业无法更好地提供高端科技服务。此外，目前存在的知识管理系统与企业的业务需求及员工能力之间的联系不够紧密，尚未构建起更高效且针对性更强的知识管理机制。这主要是由于企业内部对知识管理系统的重视程度不够，投入不足，许多潜在的隐性知识未能及时挖掘和转化，同时也没有建立起组织学习和知识创新的机制。为了更好地发挥服务经济社会的作用，科技服务企业从知识视角入手，充分发挥企业知识资本作用，高效提升科技服务能力和水平。

1.1.2 理论背景

基于上述现实背景，需要从理论层面来解决科技服务企业需要何种知识资源或是知识资本来支撑企业服务能力的提升，其又是如何清晰定位其能力体系以适应经济社会发展需要，以及如何配置知识资本才能与其不同发展阶段的能力体系相匹配等问题。但根据现有理论尚无法得出确切答案，还须进一步探讨。

首先，知识资本理论尚未形成普适性框架来指导科技服务企业发展。知识资本概念由美国经济学家 Galbraith 最早提出，是指与知识性活动有关的资本[6]。此后，Griliches[7]、Goh[8] 等基于不同视角从理论上探讨了知识资本对企业绩效的影响机理。还有研究从实证角度分析了知识资本对企业绩效的影响[9-10]，其中大部分研究的结论都显示知识资本对企业绩效有显著的促进作用。知识资本作为一种智力资源，在被不断投入企业的生产经营过程中，通过技术知识的积累和创新，促使企业在生产技术和生产工艺方面持续地进行革新和改进。此外，知识资本对于知识密集型企业而言，对其企业绩效影响更为显著[11]。现有研究大都把知识资本分为人力资本、结构资本和关系资本。其中，人力资本包括经验、知识和员工能力[12]，结构资本包括企业内部组织流程以及支持业务的企业文化[13]，关系资本包括企业与客户和供应商的关系等[14]。同时知识资本相关要素通过发挥交互作用共同提升知识型服务企业的竞争力[15]。但由于不同类型企业具有显著差异性，科技服务企业不同于制造企业或其他服务企业，是以技术和知识水平作为服务标准的，因此对知识资本的研究应有其独特范式。现有研究虽给出了知识资本研究的理论框架，但忽略了不同领域企业的行业属性，难以达成一个普适性的知识资本维度框架，而由于科技服务企业是以提供知识作为服务内容的，因此对企业知识资源以及知识创造、转移和应用的规划管理至关重要，需要基于知识管理视角来识别其知识资本各要素的微观构成。本书基于科技服务企业有别于其他企业高知识密集性和强知识复杂性的特点，在现有知识资本理论的基础上，从知识基础视角探索科技服务企业知识资源体系的构成，进一步构建适合科技服务企业内涵特征的知识资本框架，进而识别出科技服务企业利用知识资本提升企业服务能力的机理和路径。

其次，企业能力理论为解构科技服务企业能力体系提供了研究框架。企业能力理论的发展是伴随着企业战略管理理论对于企业竞争优势根源的探究逐渐演进而来的。企业能力理论根植于企业资源管理理论，能力可以说是企业的一种异质性资源[16]，能够提高企业绩效，推动企业的战略发展[17]。现有文献大多围绕技术能力的培育和提升，探索在技术变革情境下制造企业创新能力选择机制[18]。也有研究基于服务类企业进行能力体系的探究[19]，但往往只是静态地区分几种能力重构机制，对不同能力重构机制之间的演化机制缺乏分析[20]。因此，企业能力理论为科技服务企业能力体系构建提供了研究框架和理论基础，但如何构建科技服务企业能力体系仍须探讨。一方面，随着全球科学技术的发展，经济发展的决定性力量已从传统资源转向知识资源。为了培育和提升科技服务企业知识资本，就需要从知识获取、知识消化、知识转化和知识应用等全链条知识创新活动入手，加强企业与外部知识网络的关联，通过与产业创新链和科技创新链上其他主体协同提高企业的服务绩效[21]，从协同共生视角进行科技服务企业能力体系的识别和构建。另一方面，科技服务企业能力体系在市场立足、服务提升以及服务增强的不同阶段应该具有不同形成机制，这些机制相互作用，共同促进科技服务企业能力体系的不断演化[22]。

最后，组态效应为揭示知识资本对能力体系的影响机理提供了新视角。现有研究表明，知识资本对企业创新能力提升会产生积极的推动作用[23]。科技服务企业作为利用现代科技知识、现代技术、信息等要素向社会提供智力服务的机构，其能力体系的演化提升也必须依赖于其知识资本，两者的合理匹配才能最大限度实现协同效应，进而提升科技服务企业的能力。科技服务企业通过科技创新和产业创新之间知识技术的有效流动，不仅可以降低创新风险和成本，提高创新效率和效益，还可以使得创新本身和创新应用增值，实现创新应用主体，以更小成本来应用创新成果[24]。作为具有知识密集属性的科技服务企业，其资源、能力以及服务对象与制造企业和其他服务类企业相比都有一定的独特性[25]。而由于知识资本对能力体系的影响呈现多样性且有多条路径，不同类型的前因条件组合可以导致同一结果。当前研究主要采用传统的计量分析方法，探讨科技服务企业如何利用知识资本来提升其能力体系，但应用这些方法进行研究未能完全捕捉这种多样性的因果关系，难以明晰其复杂因果关系。因此，本书有必要基于组态效应探究科技服务企业知识资本对能力体系的影响机理。

1.2 问题的提出

从以上研究背景可以看出：第一，从宏观和中观层面而言，在当今的经济社会发展、国家战略推进和国际产业竞争的背景下，科技服务业的发展已成为时代要求的必然趋势，科技强国建设需要发挥所有创新要素的协同作用，其中科技服务相关主体能力的提升对实现创新知识转移、成果转化至关重要。从微观层面而言，具有知识密集型特征的科技服务企业，如何基于知识基础构建其知识资源体系和知识资本意义重大。另外，通过理论背景分析发现，企业知识资本研究虽然受到学术界普遍关注，并形成了较多的研究成果，但现有研究对科技服务企业知识资本的微观构成要素鲜有涉及。同时，企业能力理论虽然为科技服务企业能力体系构建提供了理论研究框架，但文献大都聚焦于对企业能力构建进行研究，而对科技服务企业能力体系的构建关注较少。同时科技服务企业服务内容的专业化、复杂化特点也直接导致其具有显著的客户参与导向，需要基于协同共生视角进行服务能力体系的构建。此外，上述两方面研究的薄弱也直接导致对两者相互影响机理研究的不深入，未能就两者间的复杂因果关系进行探索。组态效应为研究两者之间的复杂关系提供了新的视角，因此，科技服务企业应如何构建符合自身功能属性的知识资本和能力体系，并如何通过其知识资本动态提升企业服务能力，亟待探索研究。

综上所述，提出本书的研究问题：科技服务企业如何利用其知识资本实现自身能力体系提升。该问题包括科技服务企业知识资本的内涵是什么；其构成维度及其特征是什么；科技服务企业的能力体系构成维度及作用机制是什么，其如何进行演变；科技服务企业知识资本是如何作用于科技服务企业的能力提升的，其作用机理是什么？

据此，本书围绕上述问题展开相关研究，从“知识资本—能力体系”的分析逻辑，深入探讨科技服务企业知识资本对能力体系的影响机理。首先，探讨科技服务企业知识资本的构成维度，识别出不同知识资本维度的内在关联要素，为科技服务企业能力提升提供要素支撑。其次，对科技服务企业能力体系进行探析，识别出能力体系的构成维度，进一步揭示科技服务企业不同发展阶段能力体系的演变规律。最后，基于组态分析方法，识别出针对不同发展阶段能力体系与知识资本的组态关系，在此基础上构建知识资本和能力体系的组态关系模型，进一步研究不同类型科技服务企业在不同发展阶段的知识资本和能力体系的组态路径。综上，本书旨在揭示科技服务企业的知识资本对能力体系的作用机理，从而为不同类型科技服务企业在不同发展阶段实现能力提升提供理论指导。

1.3 研究意义

1.3.1 理论意义

在理论层面，科技服务业知识资本对能力体系的影响机理是一个极具意义和挑战性的研究。不仅需要探索识别科技服务企业需要具备哪些知识资本以及哪些能力要素，同时还需要明晰企业不同发展阶段知识资本与能力体系的匹配组合。因此，本书具有以下理论意义。

①推进了科技服务企业知识资本内涵研究，从知识基础视角明晰了科技服务企业知识资本的微观构成，从而拓展了知识资本理论的应用情景。已有研究对知识资本的概念内涵尚未达成统一的共识，且不同类型企业所关注的知识资本存在差异。本研究聚焦科技服务企业知识资本的构成维度和作用机制，识别出科技服务企业知识资本的构成要素，打开了科技服务企业知识资本研究的认知“黑箱”，一定程度上拓展了知识资本理论在科技服务领域的情景应用。

②基于协同共生视角识别了科技服务企业能力体系构成维度，探索了科技服务企业能力体系动态演变规律，从而丰富了科技服务企业能力体系研究。科技服务企业作为提供智力服务的机构，其能力体系与生产制造类和商务服务类企业有一定差异。现有研究对科技服务企业的功能涉及较多，而对科技服务企业能力体系构建及其动态演变鲜有涉及。本研究关注科技服务企业的能力优化和提升问题，识别出科技服务企业能力体系的构成维度及动态演化规律，在此基础上从知识资

本的角度出发，探究科技服务企业如何利用知识资本来构建高水平的能力体系，一定程度上拓展了企业能力理论的研究视角。

③引入组态效应分析方法，明晰了科技服务企业知识资本与能力体系的组态关系及演化路径，从而拓展了知识资本对能力体系影响机理的分析范式，深化了科技服务企业知识资本对能力体系影响机理的研究。现有研究虽然普遍认可知识资本对企业创新能力或能力体系的正向影响，但是却很少有学者从知识资本与能力体系匹配的角度深入分析，忽略了知识资本如何在本质上影响企业能力的问题。尤其在企业不同发展阶段，缺乏对知识资本与能力体系组态路径的探讨。本研究通过引入基于组态理论的组态效应分析方法，利用定性比较分析方法，实现了对科技服务企业知识资本与能力体系组态关系及演化路径的识别。一方面，将组态效应分析方法引入到“资本—能力”分析框架中，为两者关系研究提供了新思路和新方法；另一方面，对科技服务企业知识资本与能力体系组态演化路径的识别，也将进一步深化有关知识资本对能力体系影响机理的理解。

1.3.2 现实意义

科技服务企业与其他产业的共生关系构成了一个合作创新系统，实践中，科技服务企业已不再只是发挥传统“中介”“服务”等字义所强调的“桥梁”“辅助”作用，而是成为与其他创新主体协作开展知识吸收、知识生产、知识共享、知识转移及知识应用等知识协同活动的重要主体，通过不断发挥自身知识资本的积极作用来提高全面协同能力。因此，本研究具有以下现实意义。

①本书基于知识基础理论探析科技服务企业知识资本的构成维度及其特征，从而帮助科技服务企业掌握知识资本的核心要素和作用机理，为科技服务企业配置知识资源和采取相应行为策略提供科学的决策依据。

②本书基于产业共生和协同创新理论探析科技服务企业能力体系的构成和演变，帮助科技服务企业识别出其发展过程中所需具备的能力体系及从单一能力向综合能力演变的规律，为企业“动态”构建自身能力体系、提升服务绩效提供了理论指导。

③本书揭示了组态情境下科技服务企业知识资本影响能力体系发展的不同模式，启示不同类型科技服务企业应选择适合自身发展阶段和特点的知识资本与能力体系组态关系及演化路径，进而在其生命周期发展过程中找到合适的能力提升方案和策略。

1.4 相关概念界定

1.4.1 科技服务企业

虽然科技服务业在国外起步较早，但国外学者很少把科技服务作为单独范畴进行研究，大都集中在知识服务业的范畴内。Daniel[26] 率先明确提出了知识服务业的概念，认为由于理论知识居于中心地位，科学与技术之间出现了一种新的关系，导致社会中心日益转向知识领域行业。之后，Miles 等 [27]、Hertog[28]、Muller 等 [29] 均从不同角度给出了知识密集型服务企业的概念。此外，Thomi 和 Bohn[30]、Hershberg[31] 等也分别提出了知识密集型服务企业的分类。国外科技服务企业发展较早，特别是美国拥有多种类型的科技服务机构。这些机构主要依托于大学、科研机构、协会、政府部门、咨询公司、风险投资公司和律师事务所等，涵盖高科技企业孵化器、技术咨询和技术成果评估企业以及特定领域的专业服务机构。德国则强调科技中介服务机构的发展，建立了 370 家史太白技术转移中心，同时大学和科研机构普遍设立了技术转让办公室。

2014 年 10 月，国务院印发的《关于加快科技服务业发展的若干意见》中也提及了重点发展研究开发、技术转移、检验检测认证和创业孵化等专业科技服务和综合科技服务，科学界定了科技服务业的统计范围。依据国家统计局于 2018 年 12 月印发的《国家科技服务业统计分类（2018)》，科技服务业的范围涵盖了七大类，包括科学研究与试验发展服务、专业化技术服务、科技推广及相关服务、科技信息服务、科技金融服务、科技普及和宣传教育服务以及综合科技服务。国内学者对该领域的研究则主要集中在科技中介机构方面，这些机构通常涉及咨询业、信息业以及各类与科技进步相关的高知识含量的新兴行业 [32-33]。在国家创新理论体系的推动下，科技中介机构经历了一系列演变，其角色从最初单一的技术和知识转移逐渐扩展到了更为综合化、产业化、网络化和社会化的发展态势。现代科技中介机构不仅在技术、知识转移方面发挥作用，还涉及知识生产、知识转移以及知识应用服务等多个领域。这些新型科技中介机构还包括技术再研发、科技金融、管理咨询等，呈现出多样化的功能和服务 [34]。

总之，现有的理论和实践大部分都将科技服务企业视为知识密集型服务组织的一个子范畴进行研究，根据服务对象、服务内容以及服务方式等不同维度对其进行定义，但至今尚未形成一个统一的概念[35]，现有科技服务企业分类也大都围绕政府科技服务政策及国民经济统计，但国内外学者对科技服务企业角色的发展方向普遍达成共识。科技服务企业相关概念如表 1-1 所示。

表 1-1 科技服务企业相关概念

相关概念	文献
率先提出知识服务业概念	Daniel[26]
依托领域内专业性知识，向客户和行业提供以知识为基础的中间产品或服务	Miles 等[27]
拥有高素质和高智商的人才，搭配先进的科技手段，能够为客户提供中间产品或服务的个体、组织或机构	Hertog[28]
向制造或服务企业提供高智力、高附加价值的咨询性服务机构	Muller 等[29]
认为知识密集型服务企业涵盖了从事技术研究工作的技术类知识型服务机构、与计算机相关的知识型服务机构，以及专家知识型服务机构	Bohn[30]
包括银行咨询组织、技术交易市场、外贸系统的高新园区和事业部门中介组织	Hershberg[31]
官方首次提出科技服务业概念	《关于加速发展科技咨询、科技信息和技术服务业意见》
涵盖研究开发、技术转移、检验检测认证及创业孵化等专业科技服务和综合科技服务	《关于加快科技服务业发展的若干意见》
按照国民经济行业分类明确了科技服务业统计分类	《国家科技服务业统计分类（2018）》
以咨询业、信息业和各类技术服务业等与科技进步相关的高知识含量的新兴行业为代表	王立英等[32]
包括为科技成果进一步修改和完善提供工程化、中试和设计服务的机构、为解决技术创新提供信息和解决方案的咨询服务机构和为技术创新活动提供场所、设施等硬件的服务机构	李正风[33]
包括技术再研发、科技金融、管理咨询等新型科技中介机构	方炜等[34]

基于此，本书把科技服务企业定义为：运用新兴技术与专业知识围绕创新知识生产、扩散与应用提供研究开发、技术转移、检验检测认证、创业孵化、知识产权、科技咨询及科技金融等领域综合智力服务的企业，是利用各类专业知识为创新活动提供科技服务的知识密集型生产型服务企业。

此外，科技服务企业以知识密集性为特点，为社会的科学技术发展提供专业服务，整合了创新、转移和应用等多个方面的科技特征。

（1）科技服务企业具有知识密集度高、专业性强的特点

与制造企业或其他服务企业相比，科技服务企业在科技与经济社会的创新主体之间扮演着重要的桥梁角色，发挥知识生产、转移和推广应用的作用，具备知识密集、专业性强、风险与效益并存等特征。作为知识密集型服务业的关键组成部分，科技服务企业不仅有广泛的服务对象，还表现出高度专业化，这就要求科技服务企业的知识储备需专业性和综合性兼备[36]。此外，科技服务企业的知识密集特征不仅体现在服务对象的知识密集性，也体现在服务手段的知识密集性上[37]。因此，科技服务企业这一新型业态为客户提供服务要运用各类知识要素，包括技术知识、关系知识、产权知识、产品知识和工艺知识等[38]。

（2）科技服务企业活动具有多主体、多环节参与的特点

在科技服务企业的运营过程中需要考虑诸多要素，如信息、技术、人才、市场机制、政策环境以及配套服务等[39]。科技服务企业主要以专业性科技服务为核心，通过与企业和部分社会组织的紧密合作，为其提供多元化、多渠道以及多种方式的服务。在科技服务业中，主体包括政府、大学、科技企业和科技服务业协会等，同时，它还连接着发明者、投资者、生产者、消费者等多个群体，形成了科技服务业的完整价值链。[40]

（3）科技服务企业具有知识双边流动的特点

有学者注意到了科技服务企业与客户合作进行知识生产时具有知识流动非单边性特点。Muller 等[41]指出，科技服务企业起初被认为只是进行专业信息单向传递的企业，伴随着科技服务提供内容、手段和方式的深入，事实证明，科技服务企业不仅仅是知识的传递媒介，更是知识的共同合作创造者。科技服务企业的解决方案在很大程度上取决于双方的互动学习过程[42]。

（4）科技服务企业服务创新具有较强的不确定性

创新一般发生于交流新知识的多个利益相关者网络的互动中。有学者认为，在特别情况下创新可能只与服务部门有关，与制造业无关[43]。在知识密集型服务企业中，创新的路径可以多种多样。服务业创新可以在一定程度上替代或补充传统的产品创新。基于服务的创新通常涉及新的思维方式、新增功能或新的方法论。

孙颖等[44]指出，与传统有形产品不同，科技服务企业的产品具有创新性、个性化和复杂性的特点，因此，其服务创新的成功率就具有较强的不确定性。

1.4.2 知识资源

资源基础理论认为组织创新主要依靠独特的、不可复制的异质性资源[45]。在知识经济时代的大背景下，知识资源作为组织开展创新活动的基础，在提高组织创新绩效方面发挥着重要作用[46]。知识资源通过提高企业运营效率，有助于企业后续进行产品创新、管理创新、模式创新等，从而建立竞争优势[47]。一般而言，企业进入市场的初始阶段时需要利用知识资源来发现、筛选和评估市场机会；此后伴随着业务的逐步开展，更需要借助各种知识资源来提高企业自身竞争力[48]。

Burton 等[49]认为，知识资源主要涵盖技术、市场等领域的知识。这些知识资源包括管理知识、行业知识、产品知识以及市场知识等[50]。具体可以划分为以下三类：首先，涵盖技术窍门、知识产权、品牌等无形资产；其次，包含行业、市场、产品和技术等商业方面的知识；最后，涵盖企业内部各种正式和非正式的规章制度、流程和管理方针等。贾依帛等[51]认为，知识资源是包括生产与研发所需的技巧、流程、工艺指标及原材料配方等技术层面，以及涉及市场信息、成本控制等管理层面在内的知识元素集合体。由于科技服务企业表现出的知识密集性特征，知识资源对其业务开展更是至关重要，是企业建立竞争优势的关键[52]。同时，科技服务企业作为利用各类专业知识为技术或工程活动提供多种综合智力服务的组织，就其内涵及功能特征而言，离不开各类知识资源的支撑作用。这对知识资源的持续积累也提出了更高的要求，一方面，需要组织和员工进行各类知识资源的创造和积累，另一方面也需要其持续从外部搜索获取相关知识资源[53]。知识资源相关概念如表 1-2 所示。

综上，科技服务企业知识资源作为企业建立核心竞争优势的异质性资源，一般包括企业特定的技术知识、市场知识、服务知识、管理知识等在内的各类知识，且需要组织及员工通过外部获取或内部创造进行持续积累。

表 1-2 知识资源相关概念

相关概念	文献
一种异质性资源	Grant[45]、杨蕙馨等[46]
显性或隐性知识	Burton 等[49]
管理知识、行业知识、产品知识和市场知识等	Saviotti[50]
包括技术层面和管理层面的知识元素集合体	贾依帛等[51]

1.4.3 知识网络

正如前文所述，知识资源是企业在激烈市场竞争中获取优势的主要资源。一般而言，企业通过建立有效的内部知识管理机制，能够实现个体知识与组织知识之间的双向转化，同时通过提高员工的学习和创新能力进行一定程度的知识资源内部创造，从而实现企业知识资源的持续扩展。然而，企业发展中常常无法拥有所有必要的知识资源。社会网络理论强调，企业可以通过构建外部网络来获取所需的知识资源[54-55-56]。对科技服务企业而言，通过从外部网络获取知识资源，有助于克服自身知识资源的不足，可为企业服务能力的快速提升提供助力。科技服务企业可以通过建立和管理与顾客、创业投资者、金融机构、大学和科研机构、政府部门以及其他科技中介机构的有效关系网络，持续获取并整合新的知识资源，以支持新服务的提供。

知识网络在管理学领域的研究始于 20 世纪 90 年代瑞典工业界，主要用于解释科技发展中的知识创造和传播活动[57]。伴随着对知识网络研究的深入，学者们从不同角度给出了多种解释。Sharda 等[58]提出，知识网络是由专家、信息、知识等多种主体汇聚形成的社会网络。Seufert 等[59]提出，知识网络主要关注人、资源以及两者之间的关系，认为知识网络是一种动态结构。Oyelaran[60]认为知识网络是在创新过程中促进企业和机构学习的相互关联行动者组成的网络结构。Yayavaram 和 Ahuja[61]认为，知识网络是知识要素的集合，知识要素在专利、生产诀窍等创新要素中的共性关系形成了网络节点间的连接。Phelps 等[62]提出，知识网络由知识链构成，是一种用于知识创造和共享的网络体系。王铮等[63]认为，知识网络是从事知识生产和应用的不同个体在物理空间上形成的网络。赵艺璇和成琼文[64]认为，知识网络是知识资源流通与交互的主要途径。知识网格相关概念如表 1-3 所示。

综上，本书认为科技服务企业知识网络是由组织内部不同部门或员工以及外部创新主体组成，是进行知识创造、知识转移和知识应用的网络化系统，旨在实现企业知识资源持续扩充。

表 1-3 知识网络相关概念

相关概念	文献
一种社会网络	Sharda[58] 和 Oyelaran[60]
一个动态结构	Seufert[59]
知识要素的集合	Yayavaram 和 Ahuja[61]
由知识链构成的网络体系	Phelps[62]
在物理空间上形成的网络	王铮等[63]
知识资源流通的载体	赵艺璇和成琼文[64]

1.5 研究对象和研究内容

1.5.1 研究对象

本书以本土科技服务企业为研究对象，并遵循如下标准进行选择。

首先，对本书涉及的科技服务产业范围进行界定。依据国家统计局关于《国家科技服务业统计分类（2018）》的规定，科技服务业范围确定为科学研究与试验发展服务、专业化技术服务、科技推广及相关服务、科技信息服务、科技金融服务、科技普及和宣传教育服务、综合科技服务七大类。其中科技普及和宣传教育服务大都是由政府组织相关社会团队、事业单位等机构来开展的，或通过政府购买服务的方式由相关企业来承担，这些服务主要是为了提高公众科学素质，因此不在本研究范围之内。具体而言，本书主要以研究开发、技术转移、检验检测认证、科技咨询及科技金融等产业领域为研究范围。

其次，集团企业是现代企业的高级组织形式，集团总部作为整个企业的核心，掌控着企业重要的创新资源，是企业内部市场的配置中心[65]。为了避免企业核心竞争力的外流，集团企业大都在组织内部实施技术诀窍等创新资源的流动。从全球来看，跨国公司为了保持其知识竞争优势，也都把创新知识限定在跨国公司内部转移[66]。随着市场竞争的加剧对企业竞争力要求逐步加大，集团总部开始从行政管理职能为主向科技治理为主发展，表现为从对集团内各业务单元提供财务、营销等管理服务向提供技术研发、转移、咨询和知识产权等科技服务转变。此外，伴随着制造业服务化，服务产业化也成为大势所趋，传统意义上制造业和服务业的边界越来越模糊，越来越多的企业成功由制造型企业转型为服务型企业，实现向“研发 + 总部”发展模式升级。因此，从集团总部功能转变来看，一些制造类行业集团总部也可以纳入科技服务企业范畴。如，后文提到的金风科技、宁德时代、陕鼓集团等集团企业。

再次，本书关注的科技服务企业设立时间应不低于 5 年。本书更多从动态视角识别科技服务企业能力体系的演变规律以及利用自身知识资本实现能力层次提升的组态关系及演化路径，因此需要从纵向维度分析拥有较长成立周期的科技服务企业生命周期中各阶段的发展变化。

最后，本书采用实地调研和访谈的方法，主要针对中国境内的本土科技服务企业开展研究。

1.5.2 研究内容

本书聚焦于科技服务企业的知识资本和能力体系，首先，采用多案例研究和扎根理论方法，揭示了科技服务企业知识资本的构成要素，并构建了知识资本组合模型。其次，采用双案例纵向扎根理论研究方法，深入分析了科技服务企业的能力体系，从产业共生和协同创新的视角阐释了不同能力之间的相互作用机制。最后，运用组态分析法探索并分析了科技服务企业知识资本与能力体系之间的匹配关系。整个研究分为6个章节，全面深入地探讨了科技服务企业知识资本对能力体系的影响机理，论文篇章结构见图1-1。

第一章，绪论。首先，阐述了本书的研究背景，包括理论和现实背景两个方面，并分析了本研究的关键问题及研究意义；其次，对科技服务企业、知识资源和知识网络等进行了概念界定；最后，归纳出本书的研究对象、研究内容、研究方法以及技术路线。

第二章，国内外相关研究进展。首先，对科技服务企业的功能作用、影响因素、知识资本和能力体系及两者关系等相关国内外研究进行梳理；其次，阐述本研究所涉及的知识资本、企业能力、产业共生以及协同创新等相关理论基础及其借鉴意义；最后，对相关文献进行研究述评。

第三章，科技服务企业知识资本构成研究。首先，选取9家具有代表性的科技服务企业，并采取官网浏览、报刊搜集和新闻媒体报告等二手数据以及半结构化访谈部分企业高管的方式收集案例资料；其次，采用程序化扎根方法，分析出了影响科技服务企业知识资本的构成维度，包括知识资源、知识网络和结构资本；最后，基于案例研究和理论分析构建了科技服务企业知识资本的组合模型。

第四章，科技服务企业能力体系构成及演变研究。首先，采用纵向双案例研究和扎根理论研究方法，选取了2个典型科技服务企业样本案例，归纳出其在各个发展阶段的能力体系，包括跨产业联结能力、产业内耦合能力、全面协同能力和国际联接能力；其次，基于产业共生理论视角，识别出科技服务企业的衍生过程，包括单向关联、双向延伸和双向共生3个阶段；最后，在此基础上，探索科技服务企业能力体系动态演变规律，厘清不同发展阶段科技服务企业的能力体系中不同能力要素相互作用的机理。

第五章，科技服务企业知识资本与能力体系的组态效应研究。首先，本书采用组态分析与案例研究相结合的方法对第三章和第四章得出的科技服务企业知识资本和能力体系进行了理论分析，并为这些分析提供了相应的赋值依据。基于这一基础，对42家科技服务企业进行了问卷调查和变量赋值，利用fsQCA3.0软件构建了真值表，并进行了运算分析，以确定不同发展阶段的科技服务企业在影响其能力体系方面的知识资本的多重有效组合路径。其次，在结合组态分析的统计结果和实际科技服务企业案例的情况下，得出了与科技服务企业能力体系层级相匹配的7种知识资本的有效组合。最后，通过对影响科技服务企业能力体系的知识资本组态特征进行详细分析，提出了3种匹配不同类型科技服务企业能力体系的知识资本组态演化路径模式。总之，本书通过上述步骤，为科技服务企业的能力体系与知识资本之间的组态关系提供了深入理解，并呈现了具体的演化路径模式，包括科技知识主导、服务知识主导和市场知识主导的演化路径。

第六章，结论与展望。阐述了本书的主要结论、相关管理启示和主要创新点，指出本书的局限之处及未来的研究展望。

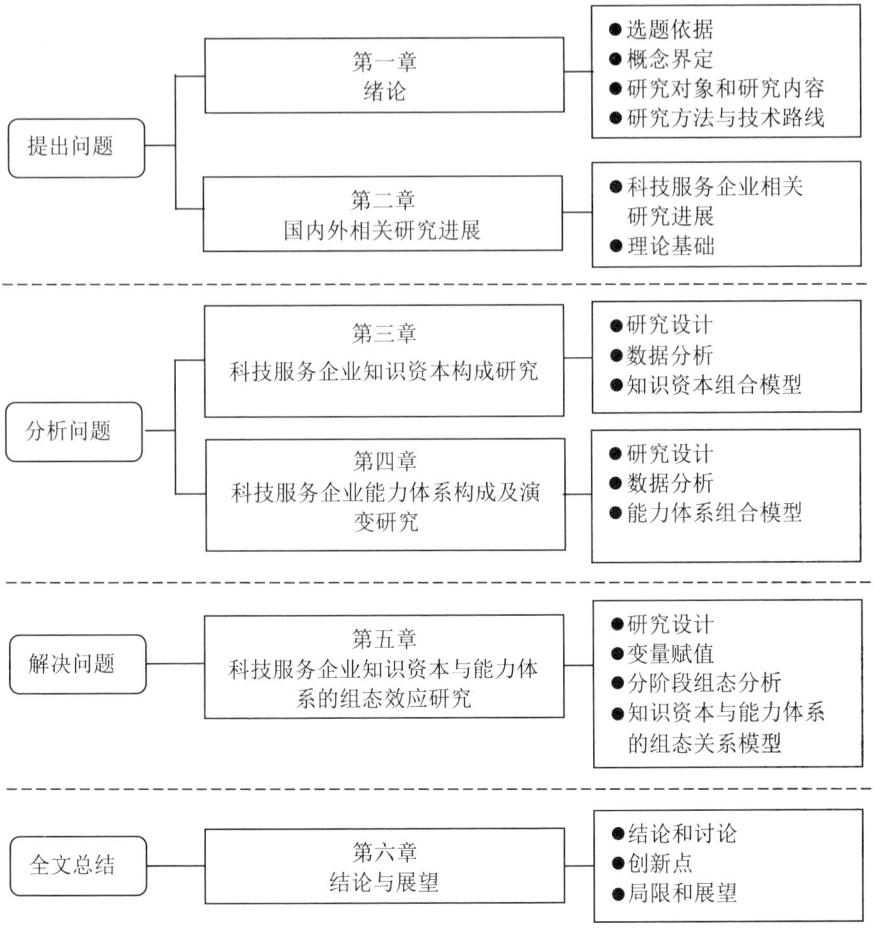

图1-1 本书篇章结构

1.6 研究方法与技术路线

1.6.1 研究方法

本书主要采用案例研究方法，对科技服务企业的知识资本、能力体系以及两者之间的组态关系进行了归纳和分析。为确保研究结论的科学性，数据分析过程中采用了多种工具和技术，包括扎根理论方法、访谈法、调查问卷以及模糊集定性比较分析法等。

（1）文献分析法

文献分析法为案例研究的顺利实施提供了重要保障。本研究将焦点集中在所确定的研究问题上，运用图书馆数据库资源平台以及搜索引擎，进行了大量文献检索和查阅工作，对相关文献进行整理和分析。文献分析法主要用于文献回顾与述评部分，本书主要围绕研究对象（功能作用、影响因素、知识资本和能力体系以及两者关系）和支撑理论（知识资本理论、企业能力理论、产业共生理论和协同创新理论）进行系统梳理。除此之外，文献分析法在研究中还起到下述方面的特定作用：一是在案例研究和扎根理论方法分析过程中，文献分析法为编码过程中涌现出的各种现象和情境进行概念化和范畴化提供了理论支撑；二是文献分析法为案例研究理论分析框架的构建提供了基础；三是文献分析法为组态分析中的相关变量的设定和评估提供理论指导和参考。

（2）案例研究法

本书主要采用探索性案例研究方法，包括双案例研究和多案例研究。该研究方法有助于在特定情境下探索各种变量及其内在关系，进而构建新理论。双案例研究法可形成正反对比或相互印证关系，而多案例研究法通过多样性提高研究的信度。通过这种方法，能够更深入地探究科技服务企业知识资本和能力体系的关系，并增加研究结果的可信度。本书第三章主要采用探索性多案例研究法来分析科技服务企业的知识资本构成及作用机理。第四章则采用探索性双案例研究法，以相互印证的方式探析科技服务企业能力体系的构成与演变规律。

（3）扎根理论方法

扎根理论方法适用于探索性研究，特别是当现有研究不足以支持或解决新问题，需要全新理论建构时，这种方法能避免受到传统理论框架的限制，可通过对数据和现象的不断归纳和对比，自下向上构建新理论。扎根理论方法包括经典扎根理论、程序化扎根理论和建构型扎根理论。本书主要采用了程序化扎根理论方法，首先通过文献分析和经验考察背景资料中的概念和关系是否适用于研究情境。然后，通过反复对比和提炼案例数据中的概念，整理出概念间的逻辑关系，形成范畴，并在此基础上揭示各范畴之间的关系，从而构建出理论模型。本书在第三章和第四章中与案例研究法结合使用。

（4）定性比较分析法

定性比较分析法是针对中小样本案例的实证研究方法，结合了定性和定量研究的特点。它基于集合论和布尔逻辑，旨在探究多种前因条件的组合和互动如何导致特定结果的变化。组态分析方法包括清晰集定性比较分析法、多值集定性比较分析法、模糊集定性比较分析法。本书选择了模糊集定性比较分析法，因为它有以下优势：能够处理和解析多因素组合产生的非线性关系，适用于处理复杂情况；能够处理不完全对称关系，避免简单地用高水平因素的反面解释低水平情况；适用于研究非恒定的因果关系。本书第五章采用模糊集定性比较分析法分析识别了科技服务企业知识资本与能力体系的组态关系及其演化路径。

1.6.2 技术路线

遵循发现问题、分析问题、解决问题的基本思路，结合所提出的研究问题，设计本书的技术路线，如图 1-2 所示，技术路线阐明了本书主要研究框架和研究内容、各部分之间的逻辑关系，以及各部分对应的研究方法。

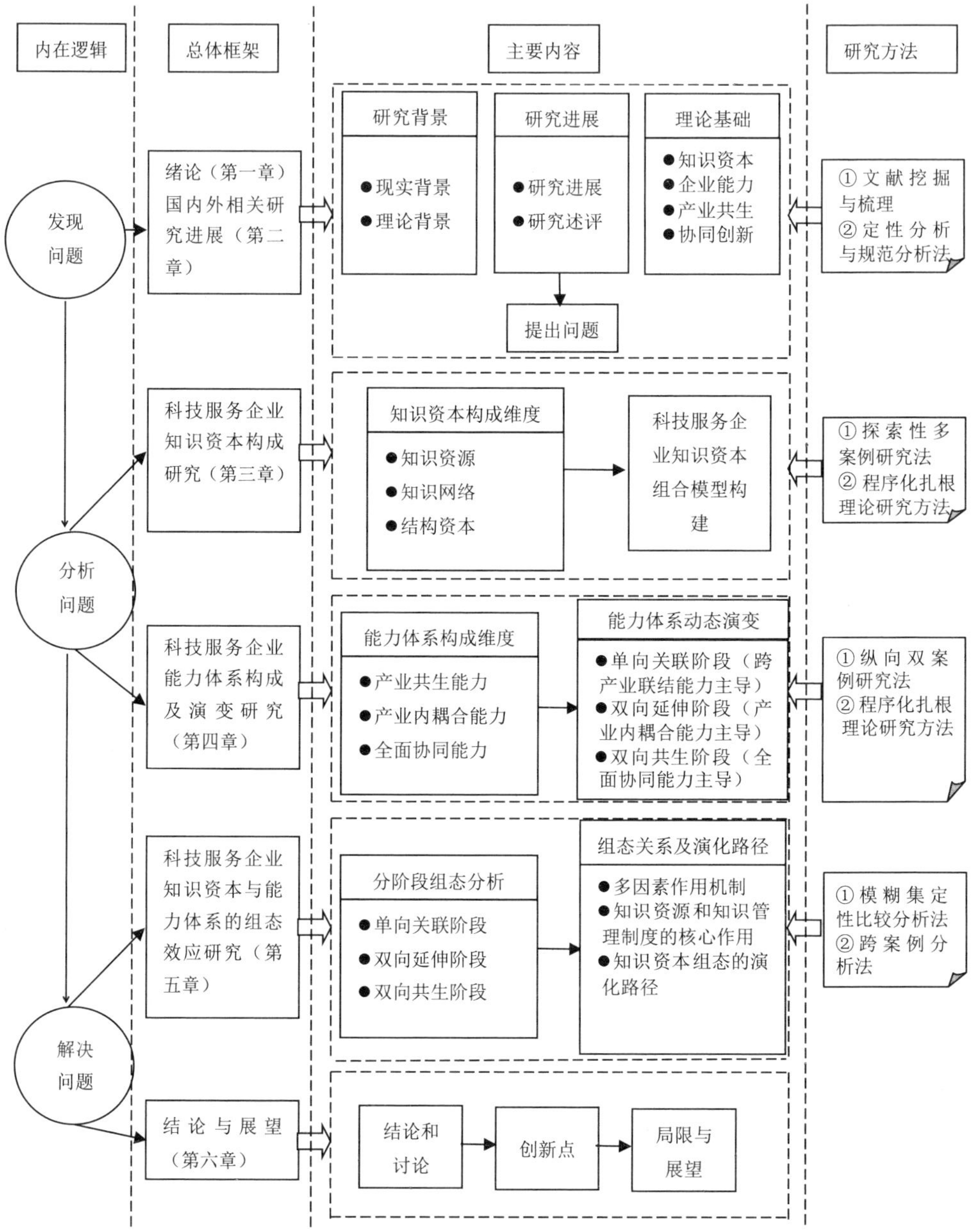
内在逻辑
总体框架
主要内容
研究方法
发现问题
绪论（第一章）国内外相关研究进展（第二章）
研究背景
●现实背景
●理论背景
研究进展
●研究进展
●研究述评
理论基础
●知识资本
●企业能力
●产业共生
●协同创新
提出问题
①文献挖掘与梳理
②定性分析与规范分析法
分析问题
科技服务企业知识资本构成研究（第三章）
知识资本构成维度
●知识资源
●知识网络
●结构资本
科技服务企业知识资本组合模型构建
①探索性多案例研究法
②程序化扎根理论研究方法
科技服务企业能力体系构成及演变研究（第四章）
能力体系构成维度
●产业共生能力
●产业内耦合能力
●全面协同能力
能力体系动态演变
●单向关联阶段（跨产业联结能力主导）
●双向延伸阶段（产业内耦合能力主导）
●双向共生阶段（全面协同能力主导）
①纵向双案例研究法
②程序化扎根理论研究方法
科技服务企业知识资本与能力体系的组态效应研究（第五章）
分阶段组态分析
●单向关联阶段
●双向延伸阶段
●双向共生阶段
组态关系及演化路径
●多因素作用机制
●知识资源和知识管理制度的核心作用
●知识资本组态的演化路径
①模糊集定性比较分析法
②跨案例分析法
解决问题
结论与展望（第六章）
结论和讨论
创新点
局限与展望

图 1-2　技术路线图

2 国内外相关研究进展

本章围绕“科技服务企业知识资本与能力体系”核心问题开展相关文献研究，主要包括知识资本、能力体系以及两者关系的国内外研究进展和支撑本书的相关理论基础。最后，述评现有研究成果对本书提供的理论和基础支撑，同时梳理出现有研究的局限性，识别出本书的核心关注点。

2.1 企业知识资本相关研究

根据知识资本理论，多数研究都认可企业知识资本可以分为人力资本、结构资本和关系资本等 3 个维度。人力资本主要表现为员工的经验、技能和专有知识。关系资本是指与顾客或其他创新主体构建的商业或合作网络关系。结构资本是指企业中能够将员工个人拥有的知识、技能、经验等成功进行传导、转移、转化的相关资本，如企业文化、企业规章制度、企业学习氛围或信息系统等[67]。

企业人力资本研究主要集中在知识体系和知识资源相关方面。Wiig 等[68]将企业知识体系定义为企业与知识相关联的一系列活动，在这些活动中，企业利用知识提高价值、更新企业资源、转化知识资产等。Bassi[69]指出企业知识体系是由知识的创造和应用组成的。乌家培[70]则认为知识体系是对知识创造和应用过程进行规划和管理的综合活动的总和。这些观点都将企业的知识体系与知识活动紧密联系在一起。此外，通过对企业知识配置的深入探讨表明，学者一般将企业的知识资源归纳为管理知识、产业知识和经济知识 3 类。对于知识密集型服务业而言，构建适应其竞争优势的知识体系至关重要。这种知识体系的显著特点在于它涵盖了更广泛的知识内容，涉及的主体也更加多元化。Vida[71]的研究强调了在企业和客户之间的互动接触过程中服务知识的重要性。曹兴等[72]指出，一般服务企业提供的是无形服务，因此市场知识和服务知识在其知识体系中至关重要。然而，对于科技型企业而言，知识体系的关键要素则存在于有形产品中的技术知识。因此，无论是服务知识、市场知识还是技术知识都是科技服务企业知识资源的重要组成部分。

关系资本方面，企业的创新依赖于各方拥有的内外部知识的结合。知识资本的建立、加强与使用应重视企业沟通网络、组织网络的建设，营造恰当的环境以保证企业的创造性。Doloreux 等[73]认为企业服务创新战略的决定因素包括创新者类型和开放程度。Chichkanov[74]基于俄罗斯 519 家科技服务企业数据样本，探讨创新驱动因素对知识密集型企业创新实施的影响，结果表明关系资本增加了技术创新的实施。王宏起[75]等将科技服务企业分为知识周边型服务模块、市场周边型服务模块及中间支持性服务模块，通过仿真实验发现：各服务模块在不同的生态关系下的创新服务效果不同，当模块间生态关系处于“互惠共生”时，有助于模块协同有序发展。科技服务企业常常处于科学技术供需双方的中间环节，需要配合企业、科研机构、高等院校等主体实现技术产业化，通过满足创新主体在创新链上各个环节的需求、弥合从技术研发的源头到消费者使用终端创新链存在的多个断点创造价值，因此，需要与其他创新主体建立紧密网络开展知识转移和传递活动[76]。

结构资本方面，信息传递在企业发展中扮演着重要的角色。研究成果的分享和信息共享可以显著提升企业的服务创新水平。这种信息传递不仅在企业内部至关重要，也在企业与外部环境之间具有重要意义。信息能够高效、迅速、准确地流通，反映了企业高效率和高质量的发展。同时也在一定程度上体现了企业创新的有效性[77]。这要求企业必须高度重视企业管理制度，通过及时、准确地披露相关报告和知识信息，实现企业内外部信息的快速传递[78]。此外，许多学者和企业界人士均承认组织学习是企业获得竞争优势的关键所在[79]。组织学习通过获取和利用可以保持竞争优势的知识和信息，从而改进企业行为[80]。但由于企业获取的资源对创新活动产生影响需要一个过程。尤其是对具有高度专业性和复杂性特点的科技服务活动而言，更需要高度重视组织学习，一方面可以将员工个人知识转化为组织知识，另一方面可以将许多来自企业外部的知识资源与企业原来的知识整合创新，从而最大限度地作用于创新活动。企业知识资本相关研究如表 2-1 所示。

表 2-1　企业知识资本相关研究

维度	知识资本	文献
人力资本	给出了企业知识体系的概念和内涵	Wiig 等[68]、Bassi[69]、乌家培[70]
	企业和客户之间的互动接触过程中服务知识	Vida[71]
人力资本	市场知识和服务知识以及蕴含在有形产品中的技术知识	曹兴等[72]

续表

维度	知识资本	文献
关系资本	企业内部和外部的协作	Doloreux 等 [73]、Chichkanov[74]
	与其他创新主体建立紧密网络	王宏起等 [75]、蔺雷等 [76]
结构资本	高效快速准确地传递信息	孙颖等 [77]
	企业知识管理制度	李丽娟和宋涛 [78]
	组织学习	孙颖等 [79]、Naqshbandi 和 Tabche[80]

2.2 企业能力体系相关研究

Chiesa 等 [81] 认为科技服务企业的能力是运用综合性的知识、技能和资源开展与新产品、新服务过程、新服务或者新管理活动、新市场或者新工作组织体系相关的创新性活动的能力，侧重于在经营过程中配置现有资源，以便于企业开展服务创新。Barney[82] 认为资源包括企业所控制的资产、能力、组织流程、企业特性、信息、知识等。服务创新主体必须不断地获取外部资源，而有效获取和适当利用这些资源是否得当直接影响创新的成功与否。企业网络理论认为，企业可以通过内部网络联系来获取具有相对优势的资源，这成为创新成功的关键 [83]。因此，企业可以利用网络能力从网络中获取那些具有异质性、能够提升企业服务创新能力的资源，并最终整合为企业自身的资源 [84]。Acosta 等 [85] 还指出，网络能力的强弱决定了企业是否能有效利用从外部获取的不同信息、资源与知识以实现企业的战略性目标。

还有研究认为交互能力为企业建立、维系并利用各类合作伙伴关系提供了强有力的理论支撑。企业通过合理运用网络关系交互能力，与外部创新网络展开积极的信息交流与沟通，通过全方位、多维度、多层次深度互动和交流，最大程度上融合与配置创新网络关系，促使外部网络异质性知识向组织内部流动和传承，并实现组织内外部知识积累，继而提升企业服务绩效和水平 [86]。此外，早期观点认为价值由企业创造并传递给客户 [87]。随着客户角色置换，客户不再被动接受价值，而是积极主动参与到企业产品设计、研发和生产过程中，与企业共同创造价值 [88]。科技服务企业由于其服务内容的专业化和服务对象的复杂性，具有显著的客户导向特征，其在为客户提供服务的同时，其内部知识也得到驱动更迭 [89]。此外，知识服务能力也可以促使科技服务企业和用户进行知识交流与共享，使得科技服务企业同时充当了知识转换者、问题解决者和知识生产者的角色[90]。

总之，以往对企业能力体系的研究大多是局限在企业边界范围内来分析能力，这就导致研究会被压缩在一个有限的时空范围内进行，而很难对企业能力体系获得更深刻的认知。为了使这种能力体系的调整活动得到更清晰地展示，就需要突破企业边界视角扩大到企业外部活动的时空范围[9]。而由于科技服务企业具有多主体、多环节参与的特点，这就要求科技服务企业必须联合发明者、投资者、客户以及其他科技服务主体共同构成服务创新网络。同时，科技服务企业的知识双边流动特点也要求其必须充当知识的合作生产者，而不仅只是知识的中介或传播者，这对科技服务企业能力体系的构建提出了新的要求，需要其从与外部创新主体的协同共生视角进行能力体系的构建和识别。企业能力体系相关研究如表 2-2 所示。

表 2-2　企业能力体系相关研究

能力体系	文献
运用综合性的知识、技能和资源开展创新性活动的能力	Chiesa 等[81]
有效获取足够的资源并合理地加以利用的能力	Barney[82]
网络内的联结获取所需的具有比较优势的资源	Laere 和 Heene[83]
网络关系交互能力	Acosta 等[85]、姜骞和唐震[86]
知识交流与共享	Muller 和 Zenker[89]、周文辉[90]

2.3　企业知识资本与能力体系关系相关研究

国外学者于本世纪初率先入手研究知识资本对企业能力的影响。Riahi[92] 以美国 81 家跨国公司为研究对象，发现知识资本对美国跨国公司创新能力和绩效发挥重要作用。Alipour 等[93] 以伊朗 60 家公司为例，研究发现知识资本可以通过企业创新方案革新进而作用于企业能力提升。Agostini 等[94] 以意大利中小微企业为研究对象，发现企业创新能力得益于其知识资本水平，即知识资本水平较高的企业创新能力明显优于知识资本水平较低的企业。Sawir 等[95] 以印度尼西亚企业为研究对象，发现企业可以通过选择合适的知识资本，并通过良好的知识管理来提升企业服务能力。Holton 和 Yamkovenko[96] 提出知识资本是一种知识型资源，可以提升企业自身的创新能力，同时对全行业的创新能力提升也发挥积极作用。Cepeda 等 [97] 从知识管理视角开展实证研究，发现知识资本对企业动态能力的提升发挥至关重要作用。Subramaniam 和 Youndt[98] 认为，知识资本在参与企业创新活动中，除了作为知识资源外，也是一种动态能力的体现。并且发现，知识资本的不同维度对企业创新能力影响存在一定差异。Tseng 等 [99] 则进一步提出知识资本各要素之间的协调发展更有利于企业创新能力的打造和提升。

国内学者也从不同角度开展了对该问题的研究。梁阜和张志鑫 [100] 研究发现，企业通过知识贡献和知识获取对自身知识资源进行优化调整，从而培养和提升企业自身的创新能力。吴松强等 [101] 以江苏省先进制造业产业技术联盟为研究对象，实证检验了企业关系资本对知识共享和企业创新能力的提升作用。武博和闫帅 [102] 通过对 120 家知识型企业研究，发现企业知识资本对组织学习能力有显著作用，并通过组织学习能力提升组织创新绩效。金水英和吴应宇 [103] 以国内 111 家高技术上市公司为研究对象，发现知识资本对高技术企业发展能力有积极作用，并提出高技术企业应高度重视知识资本的积累。夏文娟 [104] 利用 2009—2017 年 A 股上市公司数据，实证发现长期来看知识资本对企业创新能力的积极影响呈现出 U 型关系。于旭和项亚男 [105] 基于知识资本的视角，提出了科技智库的知识服务能力体系框架，主要包括环境扫描能力、机会识别能力、资源整合能力和成果传播能力。姚艳红等 [106] 提出企业知识资源是动态能力的根源，企业的知识活动可以促进动态能力的形成。知识资本与能力体系关系相关研究如表 2-3 所示。

现有研究大都证实了企业知识资本对能力体系的正向影响，有的是直接效应，有的是借助于中介变量的间接效应。探究科技服务企业知识资本对能力体系的影响机理，需要解析其知识资本多元要素与能力体系的复杂因果关系，已有研究对此尚未涉及。

表 2-3 知识资本与能力体系关系相关研究

关系类别	两者关系	文献
直接正向关系	知识资本对企业创新能力和绩效发挥重要作用	Riahi[92]、Alipour 等 [93]、Agostini 等 [94]、Holton 和 Yamkovenko[96]、Cepeda 等 [97]

续表

关系类别	两者关系	文献
直接正向关系	知识资本的不同维度对企业创新能力影响存在一定差异	Subramaniam 和 Youndt[98]
直接正向关系	知识资本各要素之间的协调发展更有利于企业创新能力	Tseng 等[99]
	知识资本对高技术企业发展能力有积极作用	金水英和吴应宇[103]
	企业的知识活动可以促进动态能力的形成	姚艳虹等[106]
存在中介变量	企业关系资本对知识共享和企业创新能力的提升作用	吴松强等[101]
	知识资本通过良好的知识管理来提升企业服务能力	Sawir 等[95]
	通过自身知识资源优化调整提升和培养企业自身的创新能力	梁阜和张志鑫[100]
	企业知识资本通过组织学习能力提升组织创新	武博和闫帅[102]
非线性关系	知识资本对企业创新能力的积极影响呈现出 U 型关系	夏文娟[104]

2.4 研究述评

梳理相关理论基础和国内外文献发现，对“科技服务企业的知识资本”这一概念的解析和探讨仍然缺乏，尚未形成“科技服务企业知识资本”的统一构成维度；而对科技服务企业知识资本概念和构成维度研究和探讨得不深入，可能在于对科技服务企业在创新链和产业链上介入程度的认知模糊，现有研究更多把科技服务企业单纯作为连接创新源头和产业企业的“桥梁”，对其深度介入创新网络的重视不够。并且，针对知识资本这一抽象性的概念，学者们纷纷从人力资本、结构资本、关系资本等视角阐释了相关企业所具备的某一方面特征，尚未识别出具有知识密集型特征的科技服务企业知识资本的系统构成。而由于科技服务企业是以提供知识作为服务内容的，所以对企业知识资源以及知识创造、转移和应用进行规划管理至关重要。因此，有必要从知识管理视角对科技服务企业知识资本的内涵和维度构成进一步解析。

国内外对科技服务企业功能和能力的研究主要集中在两个方面：一方面是战略工具观，另一方面是对相关企业具体活动的描述。然而，很少有学者深入研究战略工具的内涵，尽管其具有概括性，但在具体业务指导方面较为薄弱。少数学者虽然对科技服务企业能力进行了定义，但大多基于特定活动的研究，偏重挖掘个案中的业务活动能力，未能真正理解科技服务企业的全局背景。活动观过于具体，缺乏普适性的指导，导致能力内核的提炼困难。因此，现有研究缺乏一个兼具概括性和具体内容的科技服务企业能力体系理论模型。同时，对于科技服务企业不同发展阶段能力体系演变规律的系统性梳理也尚未充分展开。因此，对于如何构建匹配科技服务企业特征的能力体系需要进一步探索。

尽管现有研究已基于“资源－能力”的理论研究范式从多角度不断挖掘企业所掌握资源对企业能力的影响机理，更是延伸细化到“知识资本－能力体系”的层面，但大都关注知识资本对企业能力体系的静态效应。虽然知识资本对企业创新能力或能力体系的正向影响得到了普遍验证，但鲜有学者从知识资本和能力体系匹配组合的层面进行分析，忽视了知识资本的不同内在维度的组合对企业能力的影响，以及在企业发展的不同阶段，知识资本对其能力体系的作用路径研究。由于知识资本是多要素的集合，不同条件要素相互叠加组成的多种要素集合都会对企业能力体系产生影响。实践中，受资源约束影响的企业可能无法顾及所有知识资本要素，因此，对知识资本与能力体系的组态路径研究可以很好地为企业决策提供理论指导。但现有研究更多是对知识资本和能力体系的线性关系开展实证研究，对科技服务企业提升其能力体系的知识资本组态路径尚不清晰，从而难以完全打开科技服务企业知识资本与能力体系组态匹配的认知“黑箱”，更难以解释推动科技服务企业能力提升的知识资本组态演化路径。

2.5 支撑理论的研究进展

2.5.1 知识资本理论

(1) 知识资本理论相关研究

美国经济学家 Galbraith 最早提出了知识资本的概念。伴随着知识资本的提出，学者们从不同视角展开了研究并形成了知识资本理论体系，该体系为企业自主创新和区域创新提供了新的理论框架和解释工具，为企业实现突破性创新和跨越式发展提供了坚实的理论和实践指导。

所谓知识资本指的是具有市场价值的知识，即能够转化为利润的知识和技能。知识资本实际上包含了企业所有能够产生经济效益的知识和技能。知识资本的概念是对传统资本观念的有益扩展，它将企业的各项基本活动统一起来并融入知识资本的运作中。在知识资本理论中，企业的目标是不断积累、扩充和实现知识资本，即知识资本的经营管理。知识资本的概念经历了一个逐步明晰的过程。Sullivan[107] 指出知识资本是一种动态的资本而不是固定的资本形式。Edvinsson 等 [108] 认为知识资本是指在一个企业中对市场竞争力的成长存在促进作用的组织技术、专业知识、客户关系、应用技巧、工作经验和专业能力等。Thomas[109] 指出知识资本已经成为美国最重要的资产，并揭示了知识资本的内涵，进一步提出了知识资本的 H-S-C 结构，认为知识资本由人力资本、结构性资本和顾客资本构成。他认为知识资本不是由人力资本的结构和关系的不同部分创造的，而是通过它们之间的交换而来的。Dzinkowski[110] 在此基础上，提出了知识资本的价值创造模式由 3 个维度组成，三者相互交织，形成了人力资本、关系资本和结构资本的价值。Leif Edvinsson[111] 则认为知识资本是企业市场价值与账面价值之间的差异，代表了科技服务企业的物质和非物质资产的综合。他将知识资本划分为人力资源和结构性资本两部分。Sveiby[112] 指出知识资本是企业一种以相对无限的知识为基础的无形资产，是企业的核心竞争能力。他将知识资本划分为雇员能力、内部结构和外部结构三部分。

尽管存在不同的观点，但人们普遍认同知识资本是对传统资本的有益补充。这个概念将企业的核心活动与知识资本的流动相结合，将传统管理理论忽视的企业信誉、商标、员工知识与忠诚、客户满意度、业务关系等因素整合在一起。这些与企业的组织架构、生产能力、技术创新和市场开拓等方面紧密相连，一同构成了企业的核心竞争力和经营资产。因此，知识资本的引入扩展了物质资本和非物质资本的概念，将有形资产和无形资产融合在一起。通过这种资本概念的革新性扩展，揭示了企业和组织中有价值的东西是以员工和组织的技能与知识为基础的资产，从而为企业的经营提供了正确的指导方向[113]。因此，知识资本成了当前经济社会发展中新产品和服务、新技术和新战略资源产生的主要因素[114]。

与此同时，国内学者也开始关注该领域并产生了许多研究成果。吴中伦[115]认为，知识资本包括人力资本、组织资本、文化资本、技术资本、关系资本和市场资本6个维度，并强调了文化资本是不容忽视的知识资本。王勇等[116]认为，知识的存在基于各种知识元素，而这些知识元素可以被企业有效整合和运用，从而构成能够为企业创造财富的企业能力。一般而言，这种能力通过组织内部的各种现象得以展现。陈伟等[117]认为知识资本是推动技术创新的智力资源，是技术创新的主要推手。在将这种资源不断投入企业的经营活动中，通过积累和创新技术知识，推动了企业的生产技术和工艺的不断更新。程惠芳等[118]认为微观知识资本是企业知识活动和创新发展的资本增值汇总，研究它可以揭示企业创新规律，为创新投入提供理论参考。葛顺奇等[119]认为知识资本承载了企业的技术创新能力和所有权优势，逐渐成为企业竞争中不可或缺的要素。在我国企业快速发展的背景下，有效地获取和运用知识资本显得愈发重要。

（2）对本书的借鉴意义

知识资本概念的引入拓展了资本的范畴，将企业的资本划分为两个关键组成部分：物质资本和知识资本。知识资本理论进一步揭示了现代企业真正有价值的是建立在员工和组织技能、知识基础之上的财产。企业的经营管理目标在于积极积累、增加和实现企业的知识资本，将企业的核心活动融入知识资本的运作之中。[120]。因此，对于具有高知识密集属性的科技服务企业而言，更应该高度重视企业知识资本构建，充分利用自身知识资本开展科技服务活动，进而提升服务质量。此外，虽然学界对于知识资本的构成维度尚未达成共识，但基本上都明确了其包括人力资本、关系资本和结构资本等维度在内的分析框架，也提出需要注意各组成维度间的相互作用和影响。同时还明确了加强和有效利用知识资本需要关注企业外部网络和组织网络的构建，以创造有利的外部环境，从而促进企业的创新活动[121]。但需要注意的是现有研究对科技服务企业知识资本的微观构成鲜有研究。基于此，本书在借鉴知识资本理论分析框架的基础上，以知识密集型的科技服务企业为研究对象，从微观视角构建符合科技服务企业内涵特征的知识资本组合模型，进而探索其内部作用机制。

2.5.2 企业能力理论

（1）企业能力理论的相关研究

企业能力理论是在应用企业战略管理理论探讨企业竞争优势根源的基础上逐渐形成的。20 世纪 80 年代以来，无论是在学术界还是实务界，对于企业能力理论的关注逐渐升温。企业能力理论的演进经历了从资源基础理论到核心能力理论，再到知识基础理论和动态能力理论的逻辑发展过程[122]，因此，企业能力理论主要可以划分为 4 个流派，即资源基础理论、核心能力理论、知识基础理论以及动态能力理论。资源基础理论认为，企业组织都是独特的资源和能力的结合体，企业竞争优势来自其所拥有的战略相关资源。其中企业所拥有的知识，以及这些知识所孕育出的特殊技能和能力，构成了企业的核心资源。仅当企业的能力达到一定水平，才能通过协同合作和整合形成独特且难以模仿或替代的战略资源，从而保持持续的竞争优势[123]。核心能力理论认为，企业的核心能力源自内部知识的积累与培养，是获得和维持持续竞争优势的关键。这种能力是动态变化的，随着知识的开发、利用以及淘汰等过程而不断演进[124]。知识基础理论认为，更新知识是保持竞争优势的关键，企业不仅要从增进当前知识效用出发，还要重视获取未来知识。因为能够产生竞争优势的独特资源正是企业拥有的难以交易和模仿的知识[125]。动态能力理论认为，由于环境处于动态变化之中，企业在某一时期形成的核心能力不能长期维持下去。为适应不断变化的市场环境，企业必须具有不断更新自身的能力，因此，企业应具备保持或改变其作为竞争优势基础的能力[126]。这些理论共同揭示了企业内部能力、资源和知识的积累是企业保持竞争优势的关键因素。

国内学者对企业能力理论也有深入研究，并产生了很多研究成果。陈劲等[127]认为企业核心能力包含核心技术与技术能力、非技术要素，这些核心能力蕴藏于企业的各个层次，由能力元和能力架构组成。胡查平等[128]认为一个企业的成功并非仅仅源自其资源的丰富，更在于其隐匿于资源之后的特定能力，这些能力是企业的独特资源。事实上，企业竞争优势的深层根源正潜藏在这些内部特定的能力之中[129]。战睿等[130]认为在推动企业创新绩效提升的过程中，企业若具备技术引领和资源整合能力，构建企业创新生态系统将成为至关重要的路径，强调了企业核心能力作为构建创新生态的基石作用。王淑敏[131]则从能力组合与匹配视角识别了企业能力由静态能力和动态能力构成，且这两种能力交互作用于企业绩效的提升过程。

（2）对本书的借鉴意义

企业能力在协调运营和提升绩效方面扮演着至关重要的角色。出色的企业能力不仅有助于优化资源配置、提升工作效率、实现持续增长，还能满足市场和客户的需求。尽管在实践中，企业能力的培养和运用备受重视，但迄今为止，学术界尚未对涉及能力系统、能力要素和能力应用等相关概念形成一致且明确的界定和分类[132]。同时，研究发现，企业内部的能力体系存在层次性，不同层次能力的功能是存在差异的，需要通过相互结合与协同来发挥整体优势[133]。企业能力在技术积累期、技术引进期、自主创新期和集成创新期的不同阶段具有不同作用机制，这些机制相互作用促进创新生态系统的不断演化。企业能力理论将企业视为能力的集合，同时也明确认识到企业内部各种不同能力在类型、功能和层次上存在差异，不同能力之间通过系统的搭配和组合来实现能力的优劣势互补。企业能力在不同发展阶段需要进行动态演化，以适应不同的情境，进而提高企业的竞争优势，但就企业不同能力之间如何协同以及如何进行动态演化在现有的企业能力理论中并没有得到足够的重视，尤其是对科技服务企业能力体系的相关研究尚须进一步探索。企业能力理论的相关研究为本书对科技服务企业能力体系构建及演变分析提供了良好的理论支撑，同时也明晰了研究方向。

2.5.3 产业共生理论

（1）产业共生理论的相关研究

共生理论首见于生物学领域，最早是由 Anton de Bary 于 1879 年提出的。随着共生理论的发展及完善，共生理论逐步拓展到经济学和社会学领域。Frosch 等[134]提出建立在“产业共生”理念基础上的理论框架，通过持续优化产业生态系统内的能量和物质消耗，可以实现从前一个过程的产出转化为下一个过程的投入，从而改变传统产业系统的发展模式，形成生态友好的产业系统。此后，学者对产业共生的本质和内涵进行了探讨。Boons 等[135]认为产业共生的核心和实质是跨组织间的合作，通过对水、能源、材料副产品和废物的资源共享，使组织的环境效益和经济效益都有所增加。产业共生是客观的经济现象，胡晓鹏[136]认为产业共生是在一定环境下同类产业或不同类产业间因彼此经济联系的业务模块出现融合、互动、协调的发展状态。刘长灏等[137]则认为产业共生系统是一个动态发展的过程，主要体现在循环、多样性以及系统边界的变化，是一个非静态的过程。Wahrlich 和 Simioni[138]认为产业共生网络稳定性对产业共生所产生的持续经济、社会和环境效益具有重要作用，当技术、市场和政策等外部环境发生变化时，共生网络中的企业会随之调整内部的经营模式。随着研究不断深入，学者也逐渐将产业共生理论扩展到信息共享、技术交换以及理念交流学习等方面，形成一种新兴产业组织形态。Ehrenfeld[139]认为产业共生应包括技术创新、知识共享以及学习机制等方面的研究。Harfeldt 等[140]重新定义产业共生的内涵，认为其还包括如知识、经验、信息，过剩的组织能力以及其他闲置资源等无形资源在组织间的交流。

此外，产业共生模式是产业共生理论要素中最主要的部分，是产业共生理论的核心之一。从微观角度来看，产业共生模式是两个部门或企业之间的合作关系；从中观角度来看，产业共生模式是行业内的产业链上的不同行业的组合形式。丹麦卡伦堡企业通过构建产业共生体开展业务，这是最早被认可的产业共生模式，诸多学者纷纷进行后续的深入研究[141]。美国、英国等欧美国家以及日本、韩国等亚洲国家都相继开展了产业共生体系建设项目，产业共生理论与实践呈现出蓬勃发展的态势[142]。Ehizuelen 等[143]认为“一带一路”倡议有效提升了参与国的道路联通程度、贸易关联程度和产业共生程度等，为产业共生联盟整体的经济腾飞提供了新契机。Saraceni 等[144]以巴西产业集群为例，通过建立试点模型对集群中产业共生实践开展了深入研究。王剑华等[145]以金融业和新兴产业为研究对象，通过研究两者间共生发展问题，发现实现两者的共生发展需要构建利润共享、风险分担、持续合作机制以及适合的环境和文化。

（2）对本书的借鉴意义

现有研究表明，产业共生具有狭义和广义的内涵。广义的产业共生关注的是分工日益细化背景下，同类产业不同业务或不同产业但有业务联系的单元间的融合、互动和协同的发展状态[146]。随着技术专业化程度不断加深、技术复杂度与产品知识密集度逐步提升，创新主体越来越难以独立完成产品或服务价值创新，对外部创新资源的依赖性也持续提升。企业利用外部资源和借助外部渠道有助于其新技术成果快速商业化，尤其是与专业科技服务机构合作可以促使企业快速实施创新、降低创新成本，从而共同提高创新绩效[147]。因此，同类产业由于不同企业所具有的专业优势和能力的差异性，多个主体间的互补性使其相互依存，基于主体间的共同目标和相互信任而形成紧密的关系，也会逐渐演化成稳定的产业内耦合共生关系。同一产业内的企业通过各种交互作用而彼此影响，从而联合起来产生增力，协同完成特定任务。此外，企业还可以通过与不同产业具有经济联系的业务单元间的合作，充分利用它们之间资源或知识的互补、文化的相融、信任的持久，在共生过程中实现技术创新、资源获取、成本降低、风险控制、规模效益等多种共享利益[148]。科技服务企业在开展科技服务活动过程中，不仅需要与行业市场主体建立交互，为其提供良好的科技服务，还需要与技术创新源头的高校院所合作实现科技知识的更新和扩展，所有这些都离不开与创新链条上不同创新主体的共生与合作。当然，这种上下游的产业共生关系会随着科技服务企业竞争力的提升而发生演变，在科技服务企业发展的不同阶段会表现出不同的共生模式。因此，产业共生理论为科技服务企业在不同发展阶段选择适当的共生模式提供了适用的理论视角。

2.5.4 协同创新理论

（1）协同创新理论的相关研究

美国战略管理学家 Ansoff 将协同学与管理学融合起来，揭示了通过合作创新所能产生的新效用，该研究引起了产业界和理论界的重视[149]。20 世纪 70 年代，Haken[150] 构建了协同学理论基础，深入解析了系统内创新要素通过对接、重整或联合作用，可以产生“1+1>2”的协同创新效应。在此基础上麻省理工学院 Gloor 提出了协同创新的概念，他认为协同创新是指由自我激励的人员所组成的网络小组形成集体愿景，借助网络交流思路、信息及工作状况，合作实现共同的目标[151]。Behnam 等[152] 认为，协同创新是各个创新主体要素系统优化、合作创新的过程，主要包括整合以及互动两个维度。从资源基础观的角度看，企业参与协同创新是为了满足各自的战略资源需求，资源互补性是推动企业进行跨界协同创新的核心动力[153]。通过协同创新，企业不仅可以充分利用外部资源，注入新的技能与知识，创造相对优势，迅速提高自身的创新能力，还能在协同合作中同外部环境互相依存与作用，以提高企业响应外部市场环境的能力，加速企业的创新步伐[154]。Schwartz 等[155] 指出，通过与多种合作伙伴建立外部关系，企业可以获取技术、设备、专业知识、资本、商业网络和知识产权等资源。此外，Lopéz[156] 指出，企业可以与其他组织或机构合作，有机整合不同主体的优势技术和信息资源，提高市场准入，获得规模经济，实现成本和风险共分担。Michelle[157]发现，企业与其他参与主体之间的合作也有利于企业知识的积累，这些知识可以转化为新技术和组织创新。

国内学者也对协同创新的内涵、动因、机制、问题和解决策略开展的大量研究。陈劲等[158]认为，协同创新是指各知识主体与非知识主体之间形成的网络化模式，企业在此模式下进行深度合作，并从整合强度与互动强度两个维度探索构建协同创新的理论框架与内涵。王瑞鑫、李玲娟[159]从知识互动、战略协作、组织结构设置三个维度探索协同创新的实施过程，初步构建了完整的产学研协同创新框架。刘丹和闫长乐[160]从复杂网络的角度出发，强调协同创新是在创新逐渐向系统化、网络化范式转变的背景下产生的。它是通过系统内成员的密切合作和众多创新要素的协同效应来完成创新生态系统中技术或产品从创新产生到技术扩散的全过程的。

（2）对本书的借鉴意义

当前，由于技术和产品的生命周期逐渐缩短，单纯依靠引进技术进行模仿创新或单纯依靠自身能力进行简单的产品创新已经不适合激烈的竞争环境。因此，越来越多的企业通过契约关系、合作网络和社会关系，与企业、高校、科研机构、政府、中介机构等不同的合作伙伴进行协作和创新。创新活动是一个复杂的过程，涉及知识和技术的产生、发展和不断的转移、演变。创新活动本质上是不同要素或实体的优化重组，通过与其他创新链上的企业合作，企业可以有更好的机会实现获取新知识并提高创新绩效的目标[161]。同时，有研究表明，在基于知识密集型竞争联盟中不同知识行为交互作用的协同创新过程中，每种知识行为都发挥着各自的作用，各知识行为之间的相互作用和影响所获得的效益大于各知识行为的独立效益之和，具有显著的协同效应[162]。因此，科技服务企业在开展科技服务活动过程中，需要面对技术研发、技术咨询、技术转移、检验检测等各环节的服务，单一企业囿于自身专业优势和能力的不足，更需要提升与服务链条上其他科技服务主体的协同创新，实现综合服务能力的提升。因此，协同创新理论为科技服务企业发展到一定阶段后如何构建全面协同能力、持续提升自身竞争力提供了理论依据。

2.6 研究框架

前文立足于理论背景和现实背景，确立了“知识资本对科技服务企业能力体系影响机理”这一研究问题。本章基于这一研究问题，通过系统的文献回顾和相关支撑理论的梳理，确立了以知识资本理论、企业能力理论、产业共生理论和协同创新理论为视角展开研究。据此，本书通过构建“知识资本—能力体系”这一理论研究范式，开展对科技服务企业知识资本和能力体系的组态关系及演化路径研究，从而明晰了科技服务企业知识资本对能力体系的影响机理，一定程度上丰富了现有知识资本与企业能力理论，也为科技服务企业实践提供理论指导，论文的研究框架如图 2-1 所示。

首先，现有研究尚未明确科技服务企业知识资本的微观构成，不利于进一步剖析知识资本对能力体系的影响机理，因此，有必要进一步明确科技服务企业知识资本的内涵概念以及构成维度。为此，本书第三章以知识资本理论为依托，利用探索式案例分析方法和扎根理论方法，基于知识管理视角明晰了科技服务企业知识资本内涵和构成维度，构建了具有显著知识密集性特征的科技服务企业的知识资本组合。研究一定程度上丰富了现有知识资本理论的应用情境，同时为后续深入探究科技服务企业知识资本与能力体系影响机理奠定了基础。

其次，考虑到科技服务企业能力体系及演变规律研究尚不充分，因此，有必要对能力体系的构成维度和演变规律进行深入探究。为此，本书第四章依托企业能力理论和产业共生理论，采用程序化扎根理论方法，从协同共生视角识别了科技服务企业能力体系的构成维度，构建了符合科技服务企业功能特征的能力体系组合模型，进一步明晰了其演变规律。研究从“动态观”视角识别了科技服务企业能力体系的演变过程，一定程度上丰富了企业能力理论，为下文分阶段开展科技服务企业知识资本与能力体系组态分析奠定了基础。

最后，考虑到现有关于科技服务企业知识资本对能力体系影响机理的研究尚不明晰，本书第五章引入基于组态理论的定性比较分析方法开展组态研究，识别出科技服务企业知识资本和能力体系的不同匹配组合，进而归纳出科技服务企业知识资本与能力体系的组态演化路径。本书明晰了科技服务企业知识资本对能力体系的作用机制，以演进视角揭示了不同类型科技服务企业在整个生命周期中的知识资本与能力体系的组态演化路径。研究采用“知识资本 – 能力体系”的分析范式为研究企业能力理论提供了新的视角，同时组态演化路径也为科技服务企业利用知识资本动态调整能力体系提供了路径指引。

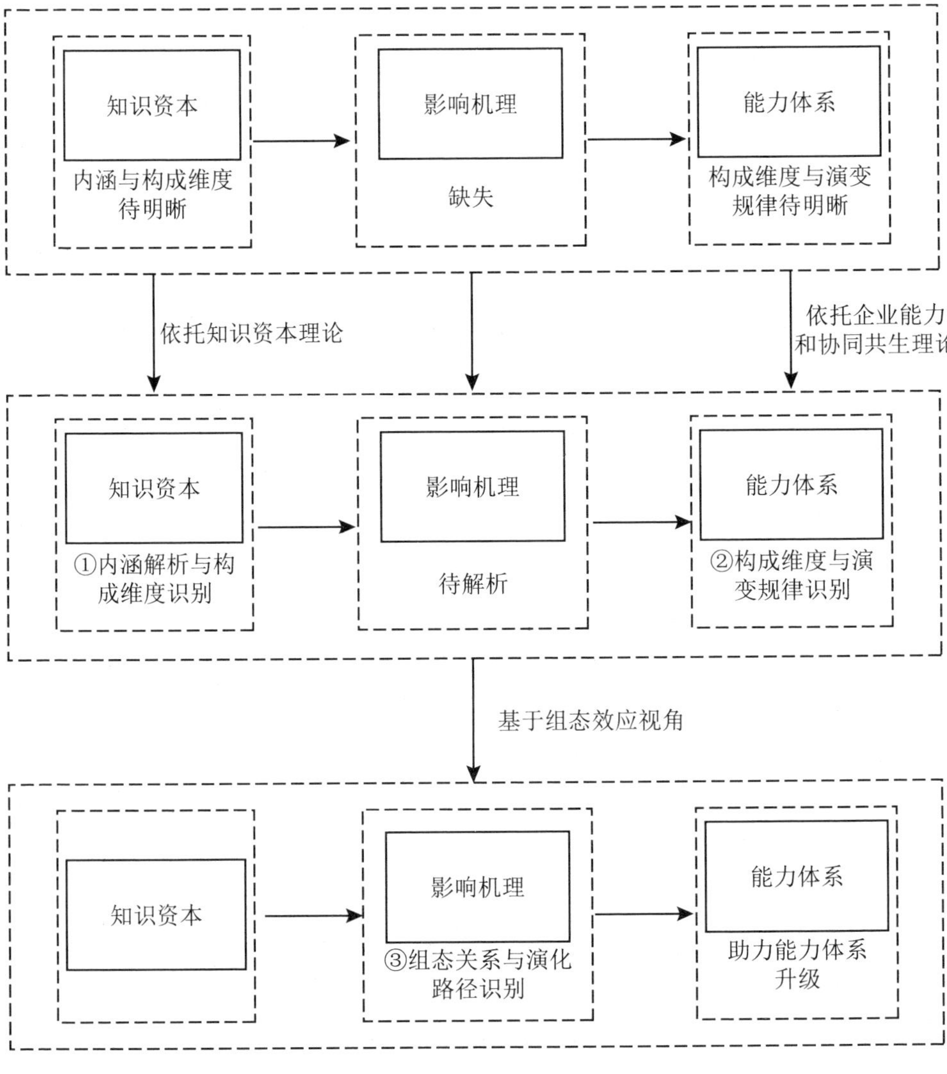

图 2-1　论文的研究框架

3 科技服务企业知识资本构成及演变研究

前文关于知识资本的国内外文献和理论基础研究可知，对企业知识资本的内涵和构成已有较好的研究基础，但对有别于制造类企业和一般服务类企业的科技服务企业而言，尚缺乏针对其具有的知识密集特征开展知识资本的微观构成维度及相互作用机制的相关研究，尤其是未能基于知识基础视角识别出科技服务企业的知识资源体系。为了进一步明晰科技服务企业知识资源体系和知识资本的微观构成及各要素相互作用机制，为此，本章利用程序化扎根理论方法，通过对若干个代表性科技服务企业开展探索性多案例研究，识别并构建符合科技服务企业知识密集属性的知识资本组合模型，对科技服务企业的知识资本构成维度和各要素的相互作用机制进行明晰。

3.1 研究设计

3.1.1 研究方法

案例研究能探索性地回答“为什么”和“如何”等问题[163-164]，特别适用于研究新问题或现有研究尚不充分的领域。由于针对科技服务企业知识资本的研究属于尚待探索的研究领域，本章研究选择探索性多案例研究方法，并采用程序化扎根理论方法进行案例数据分析。多案例研究基于样本的多样性，相对于单案例研究更有助于构建和发展相关理论，提高研究的信度和效度。

扎根理论方法是一种科学规范的质性研究工具，由 Glaser 和 Straus 在 1967 年首次提出[165]。扎根理论的核心在于在实际情境中搜集数据，然后持续比较和分析这些数据，将其抽样和概念化，从而构建新的理论范畴。扎根理论研究过程遵循科学规范，所构建的理论基于经验数据和研究对象的本质，并在数据收集和理论形成过程中不断进行对比和重复检验，以提升理论的可靠性[166]。因此，扎根理论方法被认为是定性研究中最科学的方法之一。这种方法的优点在于不受既有理论框架的束缚，同时强调持续比较，因此尤其适用于深入研究和探索性研究，特别是在解决新问题和构建新理论方面，具备独特的优势[167]。

经过多重比较，本章选用扎根理论方法中常见的程序化扎根理论方法，该方法不预先进行理论假设，而是以实际素材为基础，逐步总结和提炼数据的相关内容，然后构建新的理论。不同于经典扎根理论方法的自然呈现，该方法需要通过先前的文献阅读和经验，将研究题目窄化或限制在某个可以被研究的范围内。程序化扎根理论方法强调通过熟悉文献，建立一个相对完整的概念，然后在丰富的背景资料中了解与研究现象相关和无关的事物。应用这种方法时，需要在前人研究的基础上，通过文献阅读和经验，考察在背景资料中得到的概念和关系是否适合于研究情境。通过反复对比，将案例中的概念提炼出来，然后整理这些概念之间的逻辑关系，形成范畴。接着，梳理各个范畴之间的关系，并最终构建出理论模型。程序化扎根理论方法作为一种质性研究工具，拥有一套系统、完整的素材收集和理论构建流程。在程序化扎根理论方法的分析过程中，将案例原始素材进行抽象化和概念化的处理，这种处理被称为译码。译码包括开放性译码、主轴译码和选择性译码 3 个环节。程序化扎根理论方法与其他扎根理论方法的区别在于，在开放性译码和选择性译码之间引入了主轴译码的步骤。这个过程旨在发现和建立主范畴与次范畴概念之间的联系，从而丰富分析的范畴，然后重新组合数据以实现更多的概念化。

开放性译码阶段的任务是将资料中观察到的现象逐句逐段地进行分解，并赋予这些现象以概念，以便挖掘能够反映原始素材本质的范畴和概念。经过开放性译码，所分解和提炼的概念和范畴几乎是独立的。主轴译码的过程则是通过选择具有通用性和代表性的其他概念，将各个范畴联系在一起，进一步归纳出更具核心意义的概念和范畴。选择性译码阶段是将主轴译码获得的类属概念和范畴组织起来，展示概念和类属之间的关联关系。在这个过程中，如果发现还有其他范畴和编码出现，就需要回到原始素材中再次进行编码解析，直至理论饱和。

由于科技服务企业知识资本尚待深入探究，难以采用统计描述方法对其进行研究，因此，本章采用程序化扎根理论方法进行案例研究，通过对原始资料的归纳，反复对比和提炼样本案例的概念，然后整理概念之间的逻辑关系，形成范畴。接着，理顺各个范畴之间的关系，构建出科技服务企业知识资本组合模型。

3.1.2 案例选择和数据收集

本章基于数据可得性和案例典型性这两个原则进行案例选择[168]。首先，在本书研究过程中，研究人员参与了国家软科学重大项目课题研究，对北京、深圳、大连、杭州、济南等地进行了大量的调研和案例采集，获取了较为丰富的案例资料。其次，研究组成员与样本企业有着“地理接近或关系接近”优势，研究者有机会近距离直接了解观察企业或者通过工作人员及时获取样本企业的相关信息。再次，其中有3家为上市公司，公开资料比较丰富。最后，所选科技服务企业案例具有一定典型性，这些科技服务企业案例多数被学者在研究中提及，有一定的彰显度和代表性，如陈劲等[169]以浙大网新科技股份有限公司为例进行了产学研战略联盟模式研究，吴晓波等[170]在研究现代服务业商业模式变革中关注了华测检测认证集团股份有限公司，还有如中车大连电力牵引研发中心有限公司[171]、浙江网上技术市场（浙江伍一技术股份有限公司）[17]等。

基于以上原则，本章选取中车大连电力牵引研发中心有限公司（以下简称大连电牵）、山东华特达因健康股份有限公司（以下简称山东华特）、华测检测认证集团股份有限公司（以下简称华测检测）、浙大网新科技服务有限公司（以下简称浙大网新）、昆山市工业技术研究院（以下简称昆山工研院）、中国寰球工程有限公司（以下简称寰球工程）、浙江伍一技术股份有限公司（以下简称浙江伍一）和易事特集团股份有限公司（以下简称易事特）等8个样本企业，见表3-1，这8家企业在各自领域内都有较强的品牌影响力和竞争力。

表 3-1 案例企业信息情况表

序号	企业名称	所在地	核心业务
1	大连电牵	大连	电力牵引与控制领域的技术研究、产品开发及试验检测与评估
2	山东华特	济南	医药、环保、信息及新材料等产品研发与生产
3	华测检测	深圳	检测、校准、检验、认证及技术服务
4	浙大网新	杭州	科技金融、产业孵化、园区企业增值服务及信息技术咨询
5	昆山工研院	昆山	公共技术服务平台、技术转移及孵化
6	寰球工程	北京	石油化工、炼油、新能源、无机化工和煤化工等工程技术服务

续表

序号	企业名称	所在地	核心业务
7	浙江伍一	杭州	技术市场、专利服务、仪器资源共享
8	易事特	东莞	智慧城市、智慧能源、轨道交通、人工智能

本章数据收集采用三角测量法进行，注意调查程序化扎根理论方法中的多重证据来源，强调多案例研究，从而增强结论的说服力[173]。多案例研究能够对相同的逻辑进行重复验证，有利于客观全面地反映事实[174]。数据收集过程中采用3种方法：一是二手资料，包括大量媒体的新闻评论和期刊的学术研究以及企业官网等网络资源，还有来自组织内部的资料，主要有工作总结、企业大事记和内部报刊、上市公司招股说明书和定期公告等；二是实地调研，对8家企业的中高层人员进行了访谈，每次访谈时间为1～2小时；三是行业专家咨询，与同行业专家沟通交流，获取他们对研究结果的看法。通过这些不同渠道收集的资料相互印证，保障了研究的内部效度和外部效度，见表3-2。

表3-2　案例数据来源表

序号	企业名称	一手数据	二手数据	档案材料
1	大连电牵	访谈公司党委书记1次、研发部1名高级工程师2次	官网、新闻报道、企业大事记、工作总结等	企业简介和重要新闻事件（8页）、部门工作总结（3页）
2	山东华特	访谈开发部1名高管1次、市场部1名高管1次	官网、新闻报道、招股说明书、定期公告等	企业简介和重要新闻事件（6页）、招股说明书和近两年定期公告概要（8页）
3	华测检测	访谈青岛公司人力资源部门1名负责人1次、山东地区销售部门1名负责人1次、研究院1名负责人1次	官网、新闻报道、招股说明书、定期公告、学术文献等	企业简介和重要新闻事件（5页）、招股说明书和近两年定期公告概要（5页）、学术文献（5篇）
4	浙大网新	访谈规划运营部1名负责人1次	官网、新闻报道、招股说明书、定期公告、内部报刊等	企业简介和重要新闻事件（5页）、招股说明书和近两年定期公告概要（6页）、网新内刊（最新10期）

续表

序号	企业名称	一手数据	二手数据	档案材料
5	昆山工研院	访谈开发部1名高管1次、市场部1名高管1次	官网、新闻报道、内部报刊、视频资料、学术文献等	组织简介和重要新闻事件（7页）、工研简报（近两年8期）、学术文献（6篇）
6	寰球工程	访谈开发部1名高管1次、市场部1名高管1次	官网、新闻报道、视频资料、学术文献等	企业简介和重要新闻事件（9页）、学术文献（10篇）
7	浙江伍一	访谈综合办公室1名高管1次、市场综合部1名高管1次	官网、新闻报道、视频资料、学术文献等	企业简介和重要新闻事件（6页）、学术文献（3篇）
8	易事特	访谈技术支持部1名高管1次、市场管理部1名高管1次	官网、招股说明书、定期公告等、学术文献、内部报刊等	招股说明书和近两年定期公告概要（8页）、易事特内刊（最新20期）

本章案例数据收集围绕“科技服务企业知识资本构成”这一核心问题展开，其基本表述是“如何使具有高知识密集特征的科技服务企业充分利用其知识资源有效开展服务活动？”具体访谈问题包括公司的主营业务是什么，主要涉及科技服务领域的哪些业务；有什么里程碑事件；在业务开展中需要哪些专业知识；是否和上下游服务链或是高校院所建立紧密联系；合作的程度和频次如何；合作的方式有哪些；有没有建立本公司内部专门知识地图；有没有建立知识管理制度。

3.2　数据分析

本章采用程序化扎根理论方法对资料进行分析和编码，并在此基础上提炼概念进行范畴确定，经研究讨论将概念重组生成新的理论视角进而得出结论[175]。概念和范畴的命名有多重来源，有的来自文献资料，有的来自访谈记录，还有的是笔者研讨所得。此外，由于文本资料以及编码者的个人立场、知识结构和分析能力等方面的差异，各编码结果不可能完全一致，为了保证研究结论的科学性，参照 Miles 和 Huberman[176] 提出的定性数据分析方法，将样本中的每份资料都由研究团队的3名编码员进行归类完成，对编码结果依据 Holsti 提出的相互同意度及信度公式进行检验[177]，计算得出平均相互同意度和分析者信度均大于0.8，表明3名编码员归类的一致性较高，确保了编码的可信度。

3.2.1 开放性编码

围绕“科技服务企业知识资本构成”核心议题对数据进行开放性编码。开放性编码的目的在于指认现象、界定概念、发现范畴，其关键是数据分析者初始没有任何事先设定而以完全开放的态度进行编码[178]，是对原始资料的逐步概念化和范畴化。

本章运用质性分析软件Atlas.ti22进行数据处理。数据处理步骤如下：首先，阅读搜集到的原始数据，抽取出作用于科技服务企业发展的相关因素并建立文本，将数据导入Atlas.ti22软件中；其次，由通过信度检验的3位编码者阅读每一段落内容，在充分理解的基础上加以编码，形成初始化概念；最后根据这些初始化概念相互间的关系加以整理和互换审查，形成类别，即将开放性编码中被分割的资料依据各初始化概念中间的关系进行聚类，提炼出128个概念，根据逻辑关系确定了20个范畴，开放性编码见表3-3。

表3-3 知识资本开放性编码

原始数据	概念化	范畴化
大连电牵与国内外著名高校、科研院所和企业开展技术交流与创新合作，积极利用高校优势资源建立了产学研战略联盟，搭建了博士后工作站，与多个国外企业开展了技术研究开发、技术认证评估合作联盟 山东华特张兆亮……各有很多相互可以利用的资源，两个企业组建技术联盟的战略 浙大网新潘云鹤院士依托浙江大学综合应用学科优势组建的高科技企业……	a1原始创新、a2基础学科知识、a3专业学科知识、a4复杂知识元、a5工程技术知识研发联盟、a6基础产品及设备知识、a7技术变革、a8技术发明专利、a9院士工作站、a10博士后工作站、a11首席科学家、a12技术人才引进和培养、a13强化技术拉动、a14强化研发布局、a15国际合作开发新技术、a16科研院所交流、a17技术科学知识、a18工程技术知识、a19技术研发平台、a20重点实验室、a21产学研战略联盟	A1技术创新源（a1、a2、a3、a4、a5、a6、a7、a8、a15、a16、a21） A2研发人才引育（a9、a10、a11、a12） A3突破性创新技术（a13、a14、a17、a18、a19、a20）

续表

原始数据	概念化	范畴化
华测检测选择了多产品线、多网点布局的模式，集检验、测试、校准、认证及技术服务于一体，业务涵盖生活的方方面面，凭借专业的服务实力，逐步得到了众多知名企业的认可 浙大网新通过科技＋金融＋运营在科技服务、金融服务、创新研究、智慧园区、轨道交通、能源环保、智慧园区、智慧政务、智慧商务及智慧生活等多个领域 浙江伍一是建立在互联网上，运用现代信息技术手段，实现网上信息发布、网上多媒体洽谈与交流、网上中介服务、网上招投标等功能 寰球工程具有雄厚的技术实力和丰富的工程经验……提供具有权威性的工程技术标准规范咨询服务	a22 嵌入产业链上下游、a23 服务知识分享、a24 一体化解决方案、a25 多学科知识整合、a26 技术商业化、a27 咨询服务知识积累、a28 综合性服务能力提升、a29 科技金融服务、a30 知识产权服务、a31 投融资指导、a32 搭建技术交易平台、a33 整合科技服务资源、a34 检验检测服务、a35 产业孵化基地、a36 科技服务产业集聚、a37 大型仪器设备共享、a38 中介服务知识、a39 信息服务知识、a40 关系服务知识、a41 科技资源和市场信息清单、a42 打通上下游服务链、a43 拓展开发服务领域、a44 技术标准服务咨询	A4 科技服务共享平台（a23、a25、a33、a32、a37、a41） A5 综合性服务知识（a27、a28、a29、a30、a31、a34、a35、a38、a39、a40、a44） A6 关系服务知识（a22、a24、a26、a36、a42、a43）
易事特在市场调研的基础上，开发了一款高输入功率因数、低谐波电流的高频数字 UPS 电源，满足了客户小功耗、节能环保、占地小的需求，从低端的生产活动转向高端的创新研发活动 华测检测副总裁李丰勇为客户提供专业的系统的解决方案，拓展产品线，进行产品线全生命周期管理，实现持续优质发展……坚守细分市场、接触客户需求、不断学习新的专业知识，提升行业配套服务能力 昆山工研院引进高科技项目、为企业提供技术研发与管理咨询、人才培训、国际化运营等方面的服务，为重大科技项目的引入提供技术、经济、人员及金融可行性评估、为昆山企业国际化运营提供技术转移服务	a45 市场资源积累、a46 企业客户共创、a47 借力其他企业资源、a48 项目工程知识协同、a49 根据市场需求引进技术及设备、a50 供应商交流、a51 业务流程改进、a52 及时调整业务范围、a53 开发新市场、a54 市场服务能力提升、a55 检测行业市场经验、a56 挖掘新市场机会、a57 迎合市场需求、a58 服务领域多元化、a59 服务网络构建、a60 海外市场需求认知、a61 竞争态势趋于激烈、a62 重视服务质量提升、a63 市场需求变革、a64 合作创新、a65 个性化客户服务、a66 为知名企业提供服务	A7 市场客户资源（a45、a48、a49、a50、a51、a52、a53、a55、a57、a60、a61、a63、a65） A8 产业技术联盟（a46、a47、a54、a59、a64） A9 行业企业知识（a56、a58、a59、a62、a66）

续表

原始数据	概念化	范畴化
大连电牵公司的研发和创新工作以项目管理方式开展，攻克技术难关，保证了关键环节的质量 华测检测董事会层面建立领导小组，董事长、CEO亲自部署……工作进展，集团各个部门以及各地分子公司联络人组成执行小组，由董事会、高级管理层开展专项培训，做到统筹布局… 易事特日益重视企业科技水平的提升。成立创新研发团队，根据部门业务需要创办了企业大学，对新员工进行培训	a67组织管理模式调整、a68集体化决策机制、a69嵌入知识获取、a70共同解决实际问题、a71员工相互交流、a72建立高层和员工沟通机制、a73内部网络设施、a74组建内部知识社区、a75非正式实践社区、a76知识集成与应用、a77知识应用于多个领域、a78建立资源共享机制、a79部门内部沟通、a80隐性知识共享、a81根据部门需要组织培训、a82调研培训需求、a83组建企业大学、a84定期开展内部大讲堂	A10组织内部知识流动（a67、a69、a71、a72、a73、a74、a75、a80） A11构建协同管理体系（a68、a70、a76、a77、a78、a79） A12组建企业大学（a81、a82、a83、a84）
浙大网新邀请浙江大学专家共同探讨创新体系构建思路，对国内外创新创业趋势做了精彩分享，与现场参与者就构建……创新体系进行了深入讨论 昆山史太白技术转移中心依托昆山工研院的知识创新体系、采用德国史太白技术转移中心的服务模式，以装备制造、精密机械加工、汽车配件制造、电子电器、新型材料等产业的关键和共性技术需求为主导，为昆山企业国际化运营提供技术转移服务 易事特在最初的UPS电源代工生产活动中积累了丰富的行业经验，通过与国际领先企业的合作与交流，储备了电力生产和研发的关键技术	a85弥补知识差距、a86获得国际认证资质、a87环境催生业务增长、a88识别外部环境结构变化、a89重视环境动态变化、a90重视地域多重性客户差异、a91阶段性需求增多、a92重视服务需求变化、a93搭建合作研发平台、a94内外部知识协同、a95跨国企业合作、a96跨组织界面能力整合、a97知识资源跨组织搜索、a98企业间对话、a99举办行业趋势研讨会、a100追踪和分享业界先进理念方法、a101邀请外部高管分享经验、a102跨国界开展业务合作、a103引进先进技术和管理、a104与国际技术转移机构合作、a105为同行业企业提供科技服务、a106收集国际认证标准、a107与高校联合开展研发、a108与高校和科研院所合作科技项目	A13跨组织知识寻求（a85、a87、a88、a89、a90、a91、a92、a96、a97、a98、a99、a100、a101、a103、a105） A14建立国际合作网络（a86、a95、a102、a104、a106） A15搭建产学研联盟（a93、a94、a107、a108）

续表

原始数据	概念化	范畴化
山东华特公司以山东大学等高校及科研院所为技术依托，形成了以环保、医药为主导，电子信息、新材料、教育、物业等多产业并举的发展格局 大连电牵郭建斌表示：“现在的时代，要做到行业引领，具备国际影响力，单枪匹马是不行的，需要企业之间的合作、平台之间的合作……借力外部资源，积极开展业务合作，全面推进以大连电牵公司为主体、上下游协同的“业务云”搭建	a109 积累运营知识、a110 参与制定行业技术标准、a111 行业政策信息熟化、a112 外部信息分析、a113 平台资源共享、a114 优化配置知识单元、a115 加强知识活动管理、a116 改善知识结构、a117 优化知识管理流程、a118 持续更新知识	A16 知识存量积累（a109、a118） A17 探查知识缺口（a110、a111、a112） A18 企业知识库管理（a113、a114、a115、a116、a117）
浙大网新汪正元……新政策、新环境，既是一项新的挑战也是一轮新的机会，与国家发展导向、市场需求有机结合，积极调整战略，应对新趋势下……信息化建设，……高效、合作的团队管理方式，鼓励内部创新 何思模意识到给别的品牌做代加工永远是被动的，没有发言权，必须打造自主品牌，他开始招兵买马，组建自己的研发团队，在贴牌生产的同时，进行技术创新，升级产品同样也是何思模的选择，他一直在技术创新、转型升级的路上……率先进入蓝海市场	a119 信息分享、a120 加速既有资源转化、a121 推动政策变革、a122 持续知识沟通、a123 重视创新思维、a124 异质性知识学习、a125 动态调整组织战略、a126 学习导向、a127 制度支撑、a128 深入合作学习	A19 重视组织学习（a119、a120、a121、a125、a127） A20 建设知识型组织（a122、a123、a124、a126、a128）

3.2.2　主轴编码

主轴编码则是在开放性编码的基础上对资料所包含的内容和概念加以归纳和浓缩，解析各个范畴之间潜在的脉络连接关系。采用程序化扎根理论方法的“因果条件→现象→脉络→中介条件→行动策略→结果”的典范模型将开放性编码得到的各范畴联结在一起进行主轴编码。

通过对不同初始范畴的逻辑顺序和相互关系进行归纳和研究，在开放编码的基础上进行了主轴编码。提取和命名了科技知识资源、服务知识资源、市场知识资源、内部知识网络、外部知识网络、知识管理制度和组织学习氛围 7 个主范畴。主轴编码具体结果如表 3-4 所示。

表 3-4 知识资本主轴编码及典范模型

主范畴科技知识资源的典范模型			
因果条件	a1、a2、a3、a4、a5、a6、a7、a8、a15、a16、a21、a9、a10、a11、a12、a13、a14、a17、a18、a19、a20	现象	科技知识创造和应用
脉络	A1 技术创新源、A3 突破性创新技术	中介条件	A2 研发人才引育
行动策略	发挥企业研发人员优势，与技术创新源头合作，实现技术创新突破	结果	实现科技知识的积累和提升
主范畴服务知识资源的典范模型			
因果条件	a23、a25、a33、a32、a37、a41、a22、a27、a28、a30、a31、a34、a35、a38、a39、a40、a43、a44、a24、a26、a29、a36、a42	现象	服务知识整合
脉络	A4 科技服务共享平台	中介条件	A5 综合性服务知识、A6 关系服务知识
行动策略	通过科技服务配套和产业集聚，实现企业科技服务共享，为上下游企业提供全面服务	结果	实现服务知识的积累和提升
主范畴市场知识资源的典范模型			
因果条件	a45、a48、a49、a50、a51、a52、a53、a55、a57、a60、a61、a63、a65、a46、a47、a54、a59、a64、a56、a58、a59、a62、a66	现象	市场知识获取
脉络	A7 市场顾客资源、A9 行业企业知识	中介条件	A8 产业技术联盟
行动策略	通过组建产业技术联盟，主动挖掘客户技术和服务需求，同时实现需求导向的科技成果转化	结果	实现市场知识的积累和提升

续表

主范畴内部知识网络的典范模型			
因果条件	a67、a69、a71、a72、a73、a74、a75、a80、a68、a70、a76、a77、a78、a79、a81、a82、a83、a84	现象	内部知识网络优化
脉络	A10 组织内部知识流动	中介条件	A11 构建协同管理体系、A12 组建企业大学
行动策略	利用基于项目的团队合作，以及企业内部培训等方式，实现组织内部知识的扩散、传播	结果	个人知识转化为组织知识
主范畴外部知识网络的典范模型			
因果条件	a85、a87、a88、a89、a90、a91、a92、a96、a97、a98、a99、a100、a101、a103、a105、a86、a95、a102、a104、a106、a93、a94、a107、a108	现象	外部知识网络扩展
脉络	A14 建立国际合作网络、A15 搭建产学研联盟	中介条件	A13 跨组织知识寻求
行动策略	开展跨组织知识搜集，与国内外高校、科研院所及其他企业建立产学研联盟，实现企业知识库扩展	结果	企业技术知识、服务知识和市场知识的整合提升
主范畴知识管理制度的典范模型			
因果条件	a109、a118、a110、a111、a112、a113、a114、a115、a116、a117	现象	规范知识流程管理
脉络	A16 知识存量积累	中介条件	A17 探查知识缺口、A18 企业知识库管理
行动策略	开展企业知识缺口探查，不断积累知识存量、优化知识结构，进而实现知识转化应用	结果	企业技术知识、服务构建完善知识流程管理
主范畴组织学习氛围的典范模型			
因果条件	a119、a120、a121、a125、a127、a122、a123、a124、a126、a128	现象	知识型组织文化形成
脉络	A20 建设知识型组织	中介条件	A19 重视组织学习
行动策略	构筑组织学习制度和氛围，从组织内外不断获取各领域知识	结果	建成知识型组织

3.2.3 选择性编码

选择性编码的目的是进一步抽象主范畴，以便提取一个更通用的核心范畴来统领主范畴。在这一阶段，主要任务是识别核心范畴及其与其他范畴的关系，以便能够简明扼要地呈现整个资料，从而构建出理论框架和初步模型，以验证前面总结出的各个范畴之间的关联。选择性编码的关键在于综合所有的范畴，发展核心范畴并尝试构建理论模型。具体步骤如下：识别核心范畴；扼要说明全部现象，以简洁的方式概述整体现象（构建故事线）；对概念范畴进行系统分析，重新系统地分析所得到的概念范畴，试图将它们整合、精炼，并构建出初步的理论模型。

结合案例对7个主范畴进行比较，发现科技知识资源、服务知识资源和市场知识资源构成了科技服务企业知识资源体系，是科技服务企业提供相关服务的基础和支撑。科技服务企业只有搭建好自身知识资源体系才能更好地服务于上下游企业和经济社会发展，因此将三者归为“知识资源”这一核心范畴。内部知识网络和外部知识网络是科技服务企业为了更好地培育壮大其知识资源，利用组织内和跨组织的关系资本开展知识创造、传播和应用活动，因此将两者归为“知识网络”这一核心范畴。知识管理制度和组织学习氛围表现为科技服务企业构建知识管理流程和营造知识型组织的良好氛围，从而实现企业知识资源持续优化及作用发挥，将两者归为“结构资本”这一核心范畴。选择性编码结果如表3-5所示。

表3-5 知识资本选择性编码

核心范畴	主范畴
知识资源	科技知识资源、服务知识资源、市场知识资源
知识网络	内部知识网络、外部知识网络
结构资本	知识管理制度、组织学习氛围

基于以上程序化扎根理论的3个阶段编码，提炼出“知识资源、知识网络和结构资本构成的科技服务企业知识资本，其故事线为：科技服务企业作为利用专业知识为科学技术产生、应用与扩散提供智力服务的机构”[179]，通过构建企业内部完善的知识管理制度和良好的组织学习氛围，利用其内外部知识网络来连接组织内和跨组织的知识资源，为科技服务企业实现知识吸收利用以及再创新提供关系资本，进而逐步优化其知识库（包括科技知识、服务知识和市场知识），以实现科技服务企业服务能力的提升。

3.3 科技服务企业知识资本组合模型

在对 8 个案例企业展开程序化扎根理论研究后，开始进入理论建构阶段。在理论编码阶段，作者不断对相关概念和范畴进行比较，将科技知识资源、服务知识资源、产业知识资源、外部知识网络、内部知识网络、知识管理制度和组织学习氛围 7 个主范畴与现有文献进行比较，发现这 7 个主范畴可以概括为知识资源、知识网络和结构资本，具体分析如下。

3.3.1 知识资源

知识资源作为科技服务企业为上下游行业企业提供科技服务的支撑，是科技服务企业的核心资源，是其获取核心竞争力的关键[180]。当前知识的持续获取与技术的不断创新对科技服务企业提出了更高的要求，同时知识资源的多样性可以为企业提供可用于知识组合的多种元素，有利于提高企业绩效[181]。因此，为了更好地发挥作用，科技服务企业需要具备多领域相关知识。由于国家对科技服务企业的职责和功能已经给出了比较明晰的定位，包括研究开发、技术转移、检验检测认证、创业孵化、知识产权、科技咨询及科技金融等专业服务和其他综合性服务，这就要求科技服务企业具有相应的专业知识，尤其是科技知识、服务知识、市场知识等[182]，进而发挥科技服务企业对科技创新和产业发展的作用。因此，科技服务企业知识资源体系由科技知识资源、服务知识资源和市场知识资源构成。

（1）科技知识资源

科技知识资源作为研究开发类服务企业的主导知识，包括基础科学知识、技术科学知识和工程技术知识等，主要来源于企业的自身积累和研发。首先，企业研发人员基于现有技术知识资源开展创造性基础研究和应用研究，实现自身技术知识的逐步扩展。其次，从服务对象的需求出发，积极开展市场导向的技术研发活动，为顾客提供匹配的技术来解决其难题。最后，由于知识更新换代的频次越来越快，为了能及时满足客户的需要，科技服务企业往往会采取与高校和科研院所等技术创新源头合作，通过联合研发来实现技术知识的创造及商业化应用。

例如，大连电牵自成立以来，高度重视研发创新，围绕电力牵引核心技术研究和新车型配套开发需求，积极搭建研发平台、完善创新体系，目前建有中国中车－捷克技术大学牵引与控制技术联合研发中心、动车组和机车牵引与控制国家重点实验室等技术创新平台，为大连电牵在电力牵引核心技术领域快速实现全面突破和自主创新提供了支撑。同时公司基于中车集团旗下多家企业的国内外机车、动车组、城市轨道车辆、轨道工程机械产品的牵引与控制技术和产品的研制配套需求，快速形成了电力牵引与控制领域的技术创新平台优势、人才聚集优势、核心技术掌握优势、新产品应用推广优势。此外，公司与北京交通大学的产学研联盟、与捷克技术大学的联合研发中心以及与西南交通大学、清华大学等高校进行科研合作，在电力牵引与控制技术领域同具有世界领先水平的合作伙伴共同开展技术创新，持续优化相关领域科技知识。又如，山东华特作为 A 股 28 家高校系上市公司之一，主要以山东大学等高校及科研院所为技术依托，借助高校院所在技术创新和专利布局方面的优势，通过对高校研究成果直接转化，在环保、医药、电子信息、新材料和教育等多领域具有了雄厚的科技知识储备。例如，2013 年山东华特联合山东大学创建了山东大学生态湿地技术研究中心，作为集科研、咨询、工程设计于一体的多功能工程技术中心，利用其国内顶级水环境治理专家团队，为客户提供生态建设及水治理技术应用方案。

（2）服务知识资源

服务知识资源作为检验检测认证、知识产权、科技咨询等平台类科技服务企业的主导知识，包括信息服务知识、产权服务知识、关系服务知识等。科技服务企业可以通过在科技服务链内部一定程度上形成产业集群或结成服务联盟，利用构建科技服务资源共享平台把科技服务知识关联起来，进而为技术商业化和产业化提供综合配套服务。由于一项技术的产业化是以技术产品化、产品市场化、融资社会化以及管理模式化等 4 个核心环节为前提的，所以，技术产业化就是核心要素共生合作的创新过程[18]，需要科技服务企业的中介服务知识、关系服务知识以及信息服务知识等服务知识来助推实现[18]。例如，在不断扩展检测业务范围的过程中，华测检测逐步积累了丰富的服务知识。通过完善研发体系，华测检测实现了业务范围向消费品、工程、环境、食品、交通运输、医学等多个领域的延伸。同时，积极参与国家和行业标准的制定工作，进一步凸显了其信息服务知识的积累。为了构建全球化的服务网络，华测检测在广州、成都、大连、西安、杭州、香港、台湾等地开设了新的分公司和代表处。此外，在美国、英国、新加坡等国家设立海外办事机构，进一步扩展了其国际布局。全球性服务网络的建立，确保了华测检测在世界各地都能提供紧密合作的保证，从而使知识服务的作用得到充分发挥。这一系列举措有助于华测检测在不断变化的市场中保持竞争优势并促进业务的可持续发展。又如，浙江伍一是基于“互联网＋科技服务”理念建立的科技创新资源综合服务平台。公司采取了以网络平台为主，虚拟平台与实体服务平台相结合的运作方式，为科技企业、科研机构和科技工作者提供基本公共服务和各类科技增值服务。此外，浙江伍一还与科技服务链上的其他产业开展合作，进一步丰富自身服务知识资源。例如，2021 年公司与海南国际知识产权交易中心签署战略合作协议，双方充分发挥自身优势，积极开展跨区合作，建设知识产权交易运营与生态体系，整合、共享知识产权要素资源，为区域科技成果转化提供服务支撑。

（3）市场知识资源

市场知识作为科技孵化类科技服务企业的主导知识，包括产品知识、工艺知识、设备知识和运营知识等。为更好地实现技术与市场的对接，科技服务企业需要与顾客、竞争对手和供应商等机构进行沟通，与产业服务对象高频度互动，建立产业技术联盟，构建科技服务链与产业链，确保提供的科技服务符合产业市场需要。此外，服务主导逻辑认为产品或服务的价值是由顾客与企业共创的，顾客参与对企业服务创新能力提升作用显著，这也体现了服务企业的核心竞争力[185]。因此，建立以顾客为导向的服务模式，可以高效实现先进技术的快速转移与熟化。例如，昆山工研院采用开放式、网络化、集聚型的做法，重点围绕昆山产业特色，开展技术应用研发和公共技术服务活动。昆山工研院高度重视产业市场需求，重视与顾客合作创新，重视市场知识提升，聚焦市场知识优化科技知识。例如，2016 年面向机器人产业发展的重大需求，昆山工研院联合哈工大机器人（昆山）有限公司和华恒焊接有限公司等 12 家单位，共同发起成立昆山市智能机器人及成套装备产业技术联盟，开展机器人研发、设计、制造与销售服务。又如，寰球工程作为集咨询、研发、设计、采购、施工管理、开车指导、融资等多功能于一体的工程科技服务公司，一直致力于国内外化工、炼油领域的装置设计及工程施工服务。依靠绝对的创新能力，公司已经应用并投产多个具有自主知识产权的 3 万方、5 万方、8 万方、10 万方、16 万方单罐容积的液化天然气储罐。公司的研发和设计紧密围绕客户需求，一切以顾客为导向，根据国内外市场发展需要，寰球公司积极开发 27 万方液化天然气储罐技术并同步开展大型液化天然气薄膜储罐的相关研究和应用工作。

3.3.2 知识网络

社会网络理论认为，企业应利用知识网络获取企业内部所需的关键资源，而知识网络也能为企业创新提供知识资源[186]。基于网络空间视角可以把知识网络分为组织内部和外部两个层次，一是组织内业务单元间的网络，如Hansen[187]运用“知识网络”的概念解释大公司内部不同业务单元之间知识获取上的差异；二是组织间不同主体构成的网络，如Zhang和Li[188]发现高科技集群企业与技术服务机构间的知识网络能扩大企业创新搜寻范围，从而推动企业产品创新。一般而言，任何一个组织都很难拥有全部所需的知识资源，知识的专业化导致企业在创新过程中能独立掌控的知识域逐渐变窄[189]。为提升自身竞争力，企业通常会与外部组织合作构建知识网络吸收和运用外部知识资源[190]。科技服务企业知识网络的构建可以为企业持续提升自身知识资源提供外部载体，这是因为科技服务企业专业知识库的构建和优化也是一个循序渐进的过程，一方面来源于企业自身的初始知识资产以及后续服务提供过程中基于基础研究、市场需求进行的优化，另一方面则是对组织外部知识的引进吸收[191]。因此，科技服务企业知识资源的构建和优化离不开内部知识网络和外部知识网络的载体作用。

（1）内部知识网络

内部知识网络是建立在科技企业内部不同业务单元之间的网络结构。科技服务企业一方面通过建立知识库以便于知识资源在组织内部知识网络中快速流动，从而被员工吸收掌握，提升员工的整体知识水平；另一方面重视并引导处于内部知识网络中的员工交流，通过内部培训和非正式交流等方式，提高员工参与知识学习的积极性来促进知识流动，最终实现组织内部知识库的扩充和完善。这个过程实质上就是对内部知识网络中的知识进行获取、存储、学习、共享和创新的管理过程，可以通过显性知识的文档化传递和隐性知识显性化两个步骤来完成，逐步实现显性知识向隐性知识转化，隐性知识则向更高层次的显性知识进化，最终实现组织内知识库的持续更新和优化[192]。例如，网新体系内部除了资本流之外，还把业务协同以及企业内部知识流动都整合到创新体系中，体系内母公司和子公司之间以及子公司和子公司之间也紧密合作，开展技术研发、科技金融等服务。而易事特为了提升企业内技术研发人才专业知识水平，更是创办了自己的企业大学，在企业内定期举办各领域专业知识讲座和培训，来提升员工专业知识的广度和深度。

（2）外部知识网络

外部知识网络是科技服务企业与创新链条上不同主体合作构成的网络结构。知识积累不是自动生成的，需要依赖组织与外部创新主体的深度交互[193]，组织对外部知识发现、获取、整合和利用共同决定其绩效水平[194]。知识的发现和获取是指科技服务企业在分析满足用户需求所需的知识资源要素的基础上，持续地探寻并发现服务提供过程中所需的知识资源。通过组织的管理和学习系统，企业能够获取和积累必要的知识资源。这个过程能够确保企业在为客户提供服务时能够充分利用和整合所需的知识，从而提高服务质量和效率[195]。知识整合和利用体现在通过适当调整、整合，重新配置内部和外部组织技能、资源，以支撑科技服务企业研究开发、技术转移等业务活动[196]。由于科技服务企业向客户提供的产品主要有专业知识、研究开发和问题的求解方法等，鉴于其所提供产品和服务的知识密集性特点，企业需要不断进行“知识寻求”和“知识利用”来提升其创新能力和竞争能力[197]，因此外部知识网络在科技服务企业的创新活动中发挥着越来越显著的作用[198]。浙大网新在构建内部生态的同时积极打造泛网新生态，与相关领域领先的企业联手进行协同整合，充分利用外部知识网络拓展公司的知识资源。例如，2017 年浙大网新旗下的网新数字技术有限公司联合浙江大学（浙大网新 - 浙江大学人工智能联合研究中心）和杭州量知数据科技有限公司联合攻关人工智能技术在特定领域的应用研究，又如易事特在其知识资源优化实践中，与中国科学院、清华大学、浙江大学、华南理工大学等 20 多家国内外知名高校和科研机构建立了广泛而深入的技术合作与交流关系，坚持自主创新，并将产学研相结合作为创新发展路径。钱清泉院士、张榴晨院士、孙玉院士等国际著名专家领衔的科技攻关创新研发团队为公司注入了强大的智力支持。易事特在这一合作体系中，建立了多个高端科研平台，其中包括国家级企业技术中心、院士专家工作站、博士后科研工作站等共 6 个平台。这些平台不仅为企业的技术创新提供了坚实的基础，还促进了产学研的深度融合，加速了创新成果的孵化和转化。易事特通过与顶尖学府和专家团队的紧密合作，不断推动科技进步，不仅在行业内保持着技术领先地位，还为社会的可持续发展做出了积极贡献，为企业科技知识资源扩展搭建了优良的外部知识网络平台。

3.3.3 结构资本

良好的结构资本能为企业开展知识管理提供有效支撑。结构资本是企业与外部组织交互联系的基础，是企业嵌入在知识网络中的社会资本[199]，是将企业中员工个人拥有的知识、技能等进行传导、转移和转化的相关资本，一般包括企业文化、企业规章制度、企业学习氛围等。结构资本可以为科技服务企业开展创新活动提供良好的政策和制度环境。良好的知识管理制度可以最大限度地实现科技服务企业知识资源的扩容，确保企业持续地发挥内部和外部知识网络作用，同时营造良好的组织学习氛围，通过组织学习使企业更好地协调组织内外部环境之间的关系，打造知识型组织，增加企业的自主创新能力。因此，科技服务企业结构资本包括知识管理制度和组织学习氛围。

（1）知识管理制度

知识管理是企业实现知识创新的一种管理模式和方法体系[200]，可以通过知识创造和知识共享帮助各类组织实现知识创新，进而提高组织创新绩效[201]。但现实中无论是知识创造还是知识共享都存在一定困难和障碍。知识创新是一个不断发现问题、分析问题、解决问题的过程，具有较高的风险，因此人们往往倾向于直接使用显性知识，而忽视运用隐性知识开展知识创新。此外，知识共享往往会导致个人在组织中优势地位的丧失，以至于对知识共享持消极态度。所有这些都需要通过建立良好的知识管理制度来鼓励员工开展知识创造和共享，进而实现组织知识资源沉淀。正如浙大网新倡导“服务提升价值，创新成就未来”，公司积极鼓励员工参与创新，提出员工与公司是共同发展和成长的生命共同体，为了激励员工开展知识创造和共享活动，公司创建了员工成长通道，整合创新点管理数据，通过数据说话，运用扁平高效的知识管理手段，推动员工积极参与企业知识资源构建，实现企业智能化、高效化运转。

（2）组织学习氛围

Figueiredo[202] 指出，有目的、持续、有效地促进组织学习，有利于提升企业的知识创新能力。March[203] 较早提出组织学习具有探索和利用的双重性，他认为，企业可以通过保持探索性学习和利用性学习的平衡来实现高效科技创新。组织学习氛围是员工对组织知识管理制度和程序的重视程度以及有效引发学习行为工作环境的共同认知[204]。因此，在识别和发现所需知识资源的基础上，科技服务企业需要通过打造知识型组织，激发员工通过持续学习实现企业的知识积累和知识资源的更新，从而提升其关键服务能力[205]。为了鼓励员工积极参与学习，易事特采取了一项独特的举措，即将学习时间计入工作时间，实行带薪学习政策。这一政策的目的在于为员工提供更多学习的机会，将学习与工作紧密融合，促进个人和公司的共同发展。而且，何思模还巧妙地运用了历史智慧，借鉴了商鞅立木的经典技巧。在企业大学的课堂上，播放了海尔公司的相关片段，并通过提问的方式引导员工思考海尔的核心理念。当有员工正确回答出“日清日毕，日清日高”时，意外惊喜发生了。他们会发现自己手中突然多了50元的奖金。这种创意的激励方式不仅增强了学习的趣味性，也促使员工更深入地思考企业核心价值观。此外，易事特每年还派大批中层管理人员到高校接受MBA教育，同时成立易事特商学院，邀请高校专家授课，并把学习结果纳入考核，作为员工晋升的关键指标。

综上，通过对数据的理论性编码，发现了科技服务企业知识资本可以统领所有核心范畴，获得了3级共30个编码的支持，进而构建科技服务企业知识资本组合模型。如前文所述，知识资本是多维度概念，一般而言包括人力资本、关系资本和结构资本等多元知识元素。而现有知识资本、智力资本等概念抽象程度过高，忽视了行业企业的特征。科技服务企业作为利用各类专业知识为技术或工程活动提供科技服务的企业，无论是从服务对象还是服务手段上来看，都具有与其他服务企业不同的高知识密集性特征和对综合性知识储备的要求。因此，科技服务企业一方面要通过建立良好的内外部知识网络构建关系资本，另一方面要通过构建结构资本进行企业知识资源的积累。除此之外，科技服务企业更需要重视积累企业研发人员的技能以及各类专业知识。为了更好地向其他科技型企业提供技术研发、技术咨询、技术转移、检验检测等科技服务活动，科技服务企业还需要掌握丰富的科技知识、服务知识和市场知识等综合性知识资源，进而促进创新知识的生产、转移和应用。

由于目前鲜有研究涉及科技服务企业知识资本的构成要素，更缺乏实证数据的验证，无法支撑和解释科技服务企业知识资本的构成和内部机理。因此，本书基于科技服务企业高知识密集度和综合性知识储备的特点，从知识活动视角提炼出科技服务企业知识资本的构成要素，包括科技知识资源、市场知识资源、服务知识资源、内部知识网络、外部知识网络、知识管理制度和组织学习氛围7个主要构成要素。基于前文编码，7个主要构成要素又可以提炼出知识资源、知识网络和结构资本3个核心要素，且每个核心要素对科技服务企业能力提升都不是孤立地发挥作用，3个核心要素相互影响，共同作用于科技服务企业，称之为知识资本组合模型，如图3-1所示。

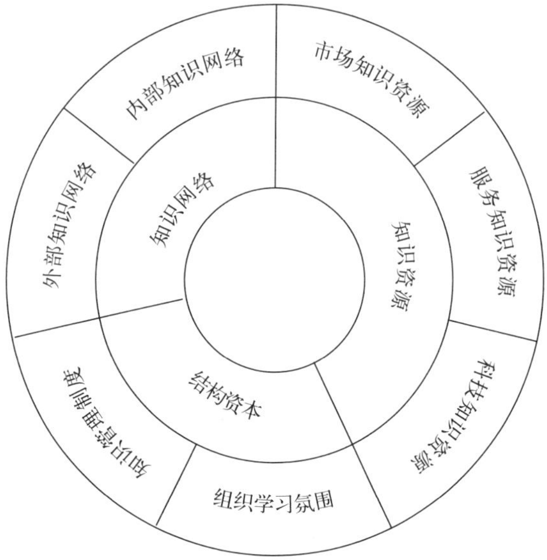

图 3-1　科技服务企业知识资本组合模型

3.4　研究发现

本章采用探索性多案例和程序化扎根理论方法对科技服务企业知识资本的构成维度进行探索研究。研究发现如下。

基于知识视角揭示了科技服务企业的知识资源体系。资源基础理论和知识资本理论认为，知识资源作为企业开展创新活动的基础，对组织创新能力提升具有重要作用。从前文可知，科技服务企业具有知识密集度高、专业性强的特点，相较于制造企业或其他服务企业，对知识资源的专业性和综合性都有较高的要求。但现有研究尚未开展充分调研，无法给出适合科技服务业特征的知识资源体系。知识资源作为科技服务企业的核心资源，是其获取领先核心竞争力的关键。本章利用扎根理论方法，从知识视角分析科技服务企业知识资源体系的构成，包括科技知识资源、服务知识资源和市场知识资源。科技知识资源作为研究开发类服务企业的主导知识，包括基础科学知识、技术科学知识和工程技术知识等；服务知识资源作为检验检测认证、知识产权、科技咨询等平台类科技服务企业的主导知识，包括信息服务知识、产权服务知识、关系服务知识等；市场知识资源作为技术转移、科技孵化类科技服务企业的主导知识，包括产品知识、工艺知识、设备知识和运营知识等。这一定程度上拓展了企业知识资源体系的研究。

明晰了科技服务企业知识资本的构成。已有研究对知识资本构成大都经历了从二元到五元等多种不同维度的研究。虽给出了知识资本构成的理论框架，但忽略了不同领域企业的行业属性，难以达成一个普适性的知识资本维度框架。本章基于科技服务企业的内涵和特征，利用探索性案例分析方法识别了科技服务企业的知识资本构成，包括知识资源、知识网络和结构资本 3 个维度。除了上文的知识资源，知识网络包括内部知识网络和外部知识网络，结构资本包括知识管理制度和组织学习氛围，在一定程度上丰富了知识资本理论的应用情境。

揭示了科技服务企业知识资本各要素的内在作用机制。为了进一步构建科技服务企业知识资本组合模型，本章还对知识资本各要素的内在作用机制进行了探析。科技服务企业知识资源的构建和优化高度依赖于知识网络的载体作用，具体表现为：科技服务企业知识库的构建和优化是一个循序渐进的过程，一方面来源于企业自身的初始知识资产以及后续服务提供过程中基于基础研究、市场需求进行的优化，另一方面则依赖于企业与外部创新主体的深度交互，通过对外部知识的发现、获取、整合和利用，进而实现对自身知识资源库持续扩充。此外，科技服务企业结构资本也为企业持续扩充自身知识资源库提供了良好的政策和制度保障。科技服务企业为了最大限度地实现其知识资源的扩容，必须制定良好的知识管理制度，确保企业持续地发挥内外部知识网络作用，同时努力营造组织学习氛围，构建知识型组织，通过组织学习使企业更好地协调内外部环境之间的关系，增加企业的自主创新能力。

3.5 本章小结

为探究科技服务企业知识资本的内涵和构成，本章依托知识资本理论，采用程序化扎根理论方法对科技服务企业知识资本的构成维度进行剖析，并基于知识基础视角构建了符合科技服务企业特征属性的知识资本组合模型。具体来说，本章基于文献研究和 8 家代表性企业的案例研究，利用扎根理论方法析出科技服务企业知识资本构成维度包括科技知识资源、服务知识资源、市场知识资源、内部知识网络、外部知识网络、知识管理制度和组织学习氛围 7 个维度，并进一步归纳为知识资源、知识网络和结构资本 3 个核心范畴，最终构建了科技服务企业知识资本组合模型。组合模型中所有核心要素相互影响，共同作用于科技服务企业。

本章明晰了作为具有知识密集性和高度专业性特征的科技服务企业知识资源体系构成，进而构建了其知识资本组合模型，一定程度上丰富了现有知识资本理论，为科技服务企业构建知识资源体系并提升自身竞争力提供了理论指导，同时为下文深入探究科技服务企业知识资本对能力体系的作用机理奠定了研究基础。

4 科技服务企业能力体系构成及演变研究

根据系统论观点，企业可以通过充分发挥多个独立且异质的能力要素之间相互作用所产生的综合效应，逐步构建创新能力体系，从而获得竞争优势。因此，在本章中，将科技服务企业的能力体系视为一个多要素组合的系统进行深入研究。同时，科技服务企业作为利用专业知识服务客户的机构，由于服务内容的专业化和服务活动的复杂性，需要与其他创新主体或客户建立交互。由此产生了本章的研究问题，服务对象具有专业性和复杂性特点的科技服务企业能力体系是如何构成的；构成能力体系的各个要素是如何相互作用的；伴随科技服务企业的发展，其能力体系是如何动态演变的。

4.1 研究设计

4.1.1 研究方法

由前文理论研究背景可知，当前科技服务企业能力体系属于尚待探索的领域，而案例研究可以更好地回答“为什么”和“如何”的问题[227]，同时，案例对象的典型性是案例分析成功的前提，因此应该关注案例的信息丰富度而不是样本数量，并且双案例研究中两个样本可以形成正反对比关系或相互印证型关系，与单案例研究相比更有助于构建和发展相关理论，提高研究的信度和效度。因此本章采用双案例研究方法，以提升研究信度。本章选择的两家案例企业建立时间比较长，发展的阶段性也比较明显，便于进行纵向演化分析，从而增强结论的说服力与可信度，可以较为客观全面地反映事实。

本章案例分析过程中仍然选用程序化扎根理论方法，该分析方法强调通过因果关系将既有经验和假设理论关联起来[206]，其编码程序的核心在于明确概念的指向，指向变化会产生新的概念内涵，更容易呈现出范畴聚合成概念的过程[207]，能较好地实现科技服务企业能力体系组合模型的理论构建。

4.1.2 案例选择和数据收集

本章研究目的在于探索科技服务企业能力体系构成及演变，根据研究本身的描述性与探索性特征，采用双案例研究方法。案例是连接丰富的定性数据和主流演绎研究之间最好的桥梁之一，并且是可复制的。为此，根据以下标准选择样本案例：①案例企业具有科技服务企业专业性、知识密集性的特征；②基于案例典型性，企业具有明显的阶段性成长特点；③基于数据可获取性和真实性。团队成员可对企业相关资料有较为充分的调研和掌握，同时企业具有较完善的工作流程和信息渠道，官网公开资料比较丰富，可以提供较完整的信息。本章选择华测检测和深圳前海汇能科技产业有限公司（以下简称汇能科技）2 个样本企业开展纵向案例分析。之所以选择这两个案例企业，一是在前期国家软科学研究计划项目中，团队通过调研访谈对 2 家企业相关信息掌握较为充分，二是 2 家企业成立时间都在 15 年以上，尤其是汇能科技已成立近 30 年，便于对案例企业开展纵向研究，三是 2 家企业在不同发展阶段都具有较为明显的阶段性特点，案例的阶段性素描如图 4-1 所示。例如，华测检测在市场立足阶段，虽然公司检验检测专业知识相对薄弱，但充分利用创始团队对市场和政策的敏感度积极拓展市场份额；到 2006 年服务增强阶段，公司则积极组建研究院，加大检验检测领域前沿专业知识的研发以增强公司专业化服务能力。通过双案例研究能相互验证，增强信度和效度，同时还有助于把握科技服务企业在不同变革时期的特征，从而更好地验证研究问题，得出的结论对其他科技服务企业更具有参考价值。

鉴于素材的可获得性和真实性，本章通过多种渠道对企业资料进行收集。在数据收集方面采用以下方法：一是实地调研与访谈，研究人员对案例对象企业的工作人员（华测检测青岛公司人力资源 1 名负责人访谈 1 次、山东地区销售部 1 名负责人访谈 1 次、研究院 1 名负责人访谈 1 次；汇能科技 1 名副总经理访谈 1 次、研发部 1 名高管访谈 1 次）展开实地调查，通过访谈获取并核实有关企业信息。二是对企业内部资料进行收集和整理，包括工作总结、市场分析报告、企业年报、内部技术培训手册等。三是来源于企业官方网站、媒体采访报道、基于行业的档案数据、相关文献和书籍等的外部资料。通过多种信息渠道和收集方法，使所获相关资料的一致性得到保证，进而确保研究的真实性和有效性。

本章案例数据收集围绕“科技服务企业能力体系构成”这一核心问题展开，其基本表述是“具有高知识密集性特征的科技服务企业为有效开展科技服务活动需要具备哪些能力？”具体访谈问题包括：公司在为客户提供服务时，需要具备哪些能力，公司在与高校、科研院所建立关联时需要哪些能力；公司在与其他类型科技服务企业相互合作中需要哪些能力；公司与国外高校院所有没有合作；合作程度和频次如何；公司有没有开展国外业务，业务开展效果如何，需要哪些能力？

4.1.3 案例素描

（1）华测检测

华测检测是一家第三方检验检测科技服务公司，为全球企业提供一站式解决方案。公司业务范围包括工业品、消费品、生命科学以及贸易保障领域的技术检测服务。

公司于 2003 年成立，最初的管理团队基本都是从体系认证咨询行业转行的，对产品检测相关领域并无太多专业知识储备。因此，公司最初发展只能依靠创始团队丰富的市场经验，充分借助国家政策对检测行业的大力支持，逐步实现业务的稳步扩展进而持续提升市场份额和服务能力。

公司发展过程中一直高度重视检测技术研发，2007 年公司设立研究院，组织技术人员进行检验检测相关前沿领域的探索，积极开展与高校和科研院所的紧密合作；2010 年与东华大学建立合作平台，积极发挥高校的科研和人才优势，为华测检测提供技术支撑。此外，公司积极拓展国际市场。一方面在海外市场积极寻求新的合作客户，扩大合作范围，促进业务量的稳步增长；另一方面则通过投资设点、合资、并购等方式，逐步在海外重点地区建立分支机构，建立华测全球服务网络。2014 年 10 月，华测检测深圳实验室被列入耐克官方认可的实验室名单，这标志着华测检测具备在全球范围内为耐克及其供应商提供受限物质含量检测服务资格。

随着公司持续壮大，华测检测积极推进实验室建设，依托实验室创新平台持续开展相关领域技术创新，2015 年，成立华测艾普－爱基因国家级基因检测合作实验室，成为国家认可的药物临床前研究技术服务平台。同时积极联合市场服务对象建立产业创新联盟，实现创新技术的商业化应用。2016 年 3 月，阿里巴巴联合鲜果、水产等各大生鲜行业的领军企业以及检测机构成立了中国首个行业生鲜标准联盟，华测检测则在其中充分发挥自身检测服务优势，联合行业协会、平台商家、产业链上游企业一起，推动生鲜标准化、分等分级制度以及产品追溯体系的建设。华测检测通过建立科学的研发体系、先进的检测实验室、完善的知识服务体系、高效的服务流程，进一步提高了其自身服务能力和水平。

（2）汇能科技

汇能科技成立于1993年，是一家提供能源环保领域工程技术一体化服务的科技服务企业，公司致力于为工业企业提供能源审计、节能诊断、工程设计、项目实施、监测运行、管理服务等一系列能源优化整体解决方案。

汇能科技是由陈贵军先生与大连理工大学几位长期从事热能动力系统研究与工程应用的教授一起创建的。创始人陈贵军也是热力节能系统领域的技术专家，陈贵军曾就职于辽宁能源研究所有限公司，高温冷凝水回收技术和装置正是陈贵军密切关注的领域之一。汇能科技成立之初，公司业务主要是为委托企业提供专业热力系统项目的可行性咨询。随着国家对节能环保的关注度逐步提高，市场上对节能环保领域技术需求逐渐增多，该公司开始围绕其高温冷凝水技术专利开展热力系统节能咨询及工程技术服务业务。1999年，公司更名为大连汇能技术服务有限公司。

随着公司在热力系统节能领域的影响力逐步扩大，公司开始在能源生产、能源传导和利用环节技术服务领域提供热系统全环节工程服务。2010年，更名为大连汇能科技股份有限公司。在工程服务核心业务基础上，又增加了咨询服务和能源管理信息系统事业部，提供能源审计、节能诊断、工程设计、项目实施、检测运行、管理服务、能源管理信息系统开发等全方位服务。此外，汇能科技持续与大连理工大学等高校开展校企联合，研究开发了十大重点耗能行业的千余种能效分析模型，自主研发能源管理信息系统、重点耗能设备、工序能效诊断、优化软件、用能系统能效分析和优化软件等。

同时，作为一个以技术开发和应用为主的企业，汇能科技一直努力提升其技术研发能力，2017年，组建了跨学科的工业节能与绿色发展评价中心，中心通过与高校院所合作持续进行技术研发和创新。截至目前，汇能科技服务的行业涵盖石油化工、钢铁冶炼、建筑材料、印染纺织、食品酿造、造纸、烟草等，并为政府节能监察提供服务。

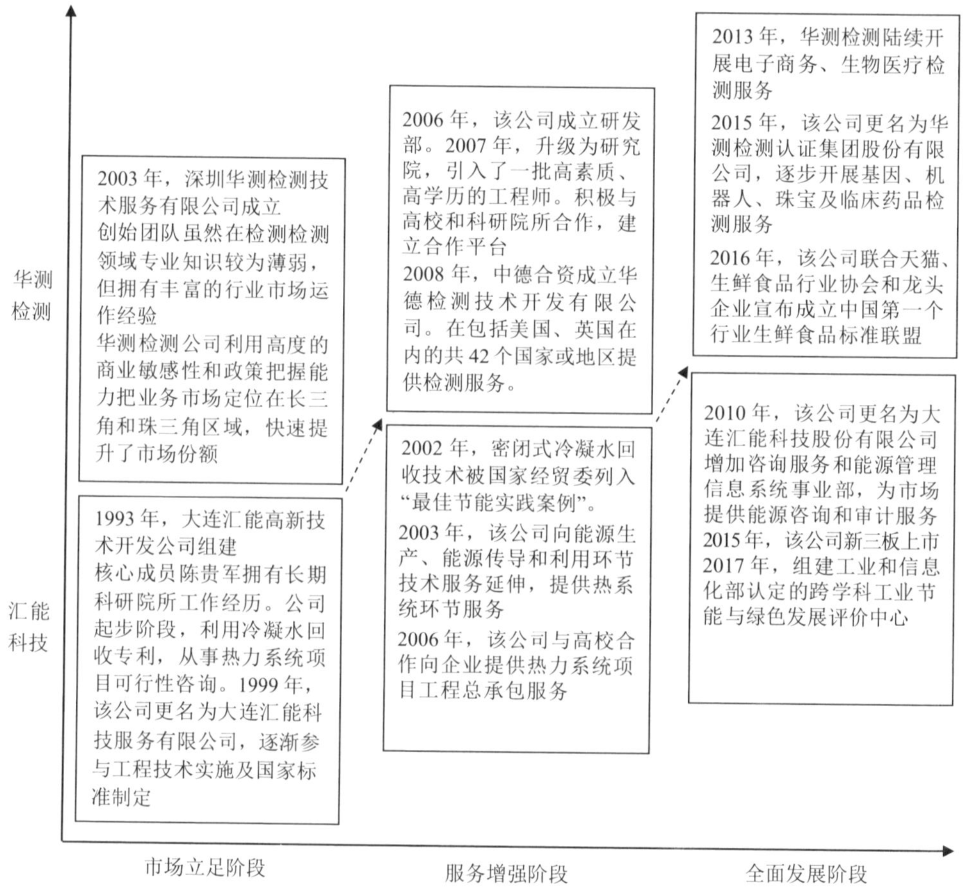

图 4-1 案例企业发展素描图

4.2 数据分析

4.2.1 开放性编码

依照质性分析的编码流程，本节围绕“科技服务企业能力体系”核心议题进行开放性编码。在对资料进行分析和概念提炼时，严格遵循着“忠实于资料”的原则，尽量保留原始资料中的原文内容作为标签。为了实现这一目标，本节采用了 Atlas.ti22 质性分析软件，对资料进行了标签化处理。这一方法有助于通过与原始资料进行对比和核实，进一步将提炼出的概念进行概念化和范畴化处理，从而更好地理解和诠释研究内容。本节对前文两个样本企业案例数据进行了标记，并进一步比较和总结，最终从资料中抽象出创始人专业背景、重视技术研发、聚焦工程应用等 126 个概念。本节以 a 标注华测检测的编码，以 b 标注汇能科技的编码，分别见表 4-1、表 4-2。

表 4-1　华测检测能力体系的开放性编码

发展阶段	原始数据	概念化
市场立足阶段（2003～2005 年）	创始团队核心成员分别拥有技术员、工程师、资深管理咨询师、英国 IRCA 注册主任审核员等经历 最初的管理团队成员并没有太多的产品检测行业经验，而是在体系认证咨询行业积累了丰富的公司运营经验，更擅长公司治理、资本运作以及处理政府关系等方面 重视与高校和科研院所的合作，与东华大学建立合作平台，积极发挥高校的科研和人才优势为华测检测提供技术支撑 公司坚持科技创新，强化创新意识，继续加大研发力度，加大专利申报力度，扩大标准制定领域 华测检测副总裁聂鹏翔认为拍板建立华测检测其实有些仓促，不过好在副总裁夏云先后在两家外资检测机构任职，充分借力于国家政策带来的检测业务增长，很快实现了业务的稳定拓展 凭借高度的商业敏感性和政策把握能力制定了“长三角战略”和“珠三角战略” 根据有关法律、标准或合同，华测检测主要从事商品检验或测试，提供具有公信力的检测认证报告，以及计量仪器与设备的技术咨询等活动；全国多地代表处相继成立，华测检测进入迅速发展时期	a1 掌握基础技术知识 a2 具备工程技术知识 a3 掌握基础性服务知识 a4 具备检测行业基础知识 a5 具有相关从业经验的高管 a6 检测行业经验逐步积累 a7 建立合作研发平台 a8 合作培养人才 a9 创始团队重视技术提升 a10 充分利用高校科技资源 a11 重视知识产权保护 a12 外资企业运营经历 a13 交流中获取商机 a14 快速挖掘市场需求 a15 充分把握国家政策变化 a16 市场需求催生服务提供 a17 根据市场变化制定发展战略 a18 市场主体的快速扩展 a19 咨询服务知识积累 a20 提供基础的检测服务 a21 持续提供优质科技服务

续表

发展阶段	原始数据	概念化
服务增强阶段 （2006～2012 年）	2006 年投入巨资成立研发部；2007 年正式升级为研究院，由多名毕业于国内知名大学的博士、实践经验丰富的工程师组成，可在消费品、工程、环境、食品、交通运输、医学等领域为客户提供检测、认证、审核、培训、咨询等服务，成功帮助数家企业产品顺利进入市场 公司积极参与国家和行业标准的制定工作，参与制定 38 项国家和行业标 深圳市家庭服务机器人检测技术公共服务平台落户华测检测 与德国 DEKRA 成立合资公司——华德检测技术开发有限公司 2008 年 6 月欧盟实施 REACH 法规，要求出口商出口的化学产品须通过第三方检测机构的检测并出具报告，这一举措使得华测当年下半年贸易保障检测及消费品测试的业务收入实现快速增长 检测报告得到包括美国、英国在内的共 42 个国家和地区的认可；在发展过程中，公司品牌的市场信誉逐渐得到越来越多国内外客户的认可，如富士康、达美、飞利浦、理光、华硕、明基等知名企业都认可了公司出具的检测报告 2009 年，华测检测在深交所挂牌上市，成为深圳第一家在创业板上市的公司，也是国内检验检测行业第一家上市公司	a22 基础学科知识深化 a23 产品知识延展 a24 跨行业领域知识拓展 a25 行业市场经验积累 a26 工程技术知识巩固 a27 综合性服务能力提升 a28 建立外部知识关联 a29 合作培养技术人才 a30 参与制定国家和行业标准 a31 搭建技术服务公共平台 a32 服务知识边界扩大 a33 合作服务知识趋强 a34 成立合资公司 a35 扩大服务市场边界 a36 寻求国外知识资源 a37 在境外开展服务提供 a38 市场需求的精准识别 a39 合理把握行业发展趋势 a40 产业链知识整合 a41 跨国界服务提供 a42 打造服务合作网络 a43 整合上下游产业链

续表

发展阶段	原始数据	概念化
全面发展阶段（2013 年至今）	2013 年，华测检测陆续开展电子商务、生物医疗检测服务 华测检测负责起草的三部国家食品标准均通过审定 入股瑞欧科技，试图打造化学品法规服务第一品牌 与欧洲最大的致力于低碳和能效技术投资、开发与转移的组织——英国碳信托标准公司合作开展商业低碳政策及碳减排认证服务 通过了计量认证（CMA），完全具备出具第三方检测报告的资质。此外还通过了英国、美国、新加坡等相关机构的认可，检测报告具有国际公信力 与美国加州大学洛杉矶分校健康服务系统（UC-LAHealth）合作成立上海华测洛加大医学检验所有限公司 与欧洲企业开启在化妆品、保健品及医疗器械领域的测试、法规支持、认证的合作 与厦门基科生物科技有限公司旗下品牌爱基因成立的基因检测合作实验室成立华测艾普－爱基因国家级基因检测合作实验室 获得国家市场监督管理总局资质认证，成为国家认可的药物临床前研究技术服务平台 联合天猫、生鲜食品行业协会和龙头企业宣布成立中国第一个行业生鲜食品标准联盟	a44 全方位产业知识提升 a45 学科知识纵向延展 a46 综合性服务知识趋强 a47 与其他科技服务企业建立关联 a48 与国外科技服务企业合作 a49 积极引进国外先进技术服务 a50 知识链系统加深 a51 合作主体范围不断扩大 a52 与国外高校合作研发 a53 充分利用国外知识资源 a54 学科知识互补 a55 与国外企业合作测试服务 a56 行业知识范围扩大 a57 合作服务知识升级 a58 综合性科技知识积累 a59 综合性市场知识积累 a60 综合性服务知识积累 a61 与其他科研机构合作共建实验室 a62 组建技术服务平台 a63 扩展技术服务领域 a64 联合企业建立标准联盟 a65 与协会合作建立统一标准

表 4-2 汇能科技能力体系的开放性编码

发展阶段	原始数据	概念化
市场立足阶段（1993～2000 年）	1993 年大连汇能高新技术开发公司由长期从事热能动力系统的教学研究与工程应用工作的教授组建；拥有冷凝水回收专利技术；核心成员陈贵军拥有长期科研院所工作经历 由于陈贵军决心将企业打造为热力系统节能领域的专家，当时及此后很长一段时间的核心业务都是热力系统节能咨询及工程技术服务，此期间与客户建立了广泛的合作关系 大连理工大学拥有丰富的技术专家和人才资源，而陈贵军心里更清楚的是，这些资源必定可以为汇能科技所用 凭借丰富的行业经验和敏锐的市场意识，陈贵军认为，未来高温冷凝水行业的市场需求巨大。转让专利并深入参与具体工程技术实施环节；参与国家技术标准制定 为企业提供热力系统项目工程可行性研究咨询服务报告 早期项目可行性研究积累的市场资源以及由冷凝水回收专利技术带来的名声效应，使汇能科技业务量稳步提升	b1 创始人具有相关专业背景 b2 重视技术研发 b3 聚焦工程应用 b4 拥有专利技术 b5 拥有研究所工作背景 b6 提供专业咨询服务 b7 聚焦热力系统节能领域 b8 发现咨询服务商机 b9 共同合作开展技术攻关 b10 技术引入和利用 b11 专业人才引进 b12 充分利用高校资源 b13 重视市场调研分析 b14 识别行业趋势 b15 积极实现专利转化 b16 聚焦咨询服务领域 b17 工程咨询服务知识 b18 逐步拓展市场份额

续表

发展阶段	原始数据	概念化
服务增强阶段（2001～2010年）	从冷凝水回收环节尝试向能源生产、能源传导和利用环节的技术服务延伸，提供涵盖热能动力系统全环节的服务 “十二五”期间，国家高度重视能源工作，要求各个主要用能产业类型的企业必须开展能源审计服务 与大连理工大学机械、材料、化工、能源动力、环境等多专业的专家组建跨学科服务团队，与该校化工、能源动力、环境等多专业的著名专家学者建立了紧密联系，整合专家团队，开展技术研发合作、利用产学研基地联合人才培养等，成功推动汇能科技进入另一个业务发展高峰 在校企合作过程中，汇能科技整合跨学科资源，加速企业自身技术研发的脚步，成功申请了多项实用新型专利，常压二次蒸汽回收技术、过滤自动排污装置等也研发成功，成为掌握热力系统节能领域核心专利技术最多的企业之一 随着跨学科团队组建和总承包服务的开展，汇能科技的核心技术（密闭式冷凝水回收技术）得到不断发展完善 增加总承包服务业务内容（设备租赁、资金支持等服务）。为企业提供热力系统项目工程总承包服务（包括设备采购、建筑工程施工等环节）	b19 拓宽服务领域 b20 多学科知识整合 b21 构建全环节服务 b22 市场催生服务提供 b23 快速响应国家政策 b24 快速识别市场需求 b25 建立联盟进行技术合作攻关 b26 技术研发合作 b27 联合培养人才 b28 建立产学研实践基地 b29 多主体学习 b30 行业工程设备知识 b31 巩固核心技术知识 b32 行业技术信息 b33 行业市场经验积累 b34 重视知识产权保护 b35 重视研发投入 b36 持续关注创新性技术研发 b37 跨行业工程技术知识 b38 信息服务知识趋强 b39 拓展了服务产业链条

续表

发展阶段	原始数据	概念化
全面发展阶段（2011 年至今）	增加咨询服务和能源管理信息系统事业部，为市场提供能源审计、节能诊断、工程设计、项目实施、检测运行、管理服务、能源管理信息系统开发等全方位服务 与大连理工大学实现校企联合，结合大连理工大学的各专业技术优势，研究开发十大重点耗能行业的千余种能效分析模型 组建跨学科的工业节能与绿色发展评价中心，开展新技术推广及示范应用 服务行业不断扩展，涵盖石油化工、钢铁冶炼、建筑材料、印染纺织、食品酿造、汽车、造纸、烟草等多个行业，形成“节能 + 环保”工程技术服务联合体 与中凯化学合作解决市场开发能力不足的问题，不断实现业务增长 其产品应用“密闭式冷凝水回收技术”和“常压二次蒸汽回收利用技术”节能改造项目被列入中国“最佳节能实践案例” 与法国 NEXSON 公司达成战略合作，通过该公司更好地为法国当地企业提供节能减排技术服务	b40 科技知识全面集成 b41 市场知识全面集成 b42 多主体协同服务 b43 强化组织内部合作交流 b44 持续积累合作服务知识 b45 重视新领域的技术创新 b46 综合性科技知识趋强 b47 设立技术创新研发平台 b48 持续提升科技知识资源 b49 组建工程技术服务联合体 b50 知识链协同加深 b51 建立广泛的外部合作网络 b52 与其他企业合作共同拓展市场 b53 新技术的推广示范 b54 技术工程化应用显著 b55 综合性市场知识趋强 b56 综合性服务知识趋强 b57 产业链上下游合作 b58 持续扩展市场应用领域 b59 跨国界知识搜寻 b60 与国外企业建立广泛合作 b61 国外市场提供技术服务

本节通过厘清 126 个概念的类属与相互关系，将其归纳为 51 个初始范畴和 26 个副范畴，如表 4-3 所示。

表 4-3 案例企业能力体系概念范畴化

概念（126 个）	初始范畴（51 个）	副范畴（26 个）
a1、a2、a21、b1、b17	AB1 科技知识积累	核心技术研发能力 知识消化吸收能力 研究成果搜寻和识别能力
a9、a22、b2、b35	AB2 重视研发投入	
b4、b36	AB3 突破性技术创新	
a61、b26	AB4 合作共建实验室	
a10、b5	AB5 科学家精神	
a7、b10、b28	AB6 建立产学研合作基地	
a8、b11、b27	AB7 联合高校培养人才	
a10、b3、b12、b15	AB8 科技成果带土移植	市场需求对接能力 客户需求差异化识别能力 行业变化和国家政策挖掘能力
a3、a20、b6	AB9 与用户研究合作	
a6、a13、b8	AB10 交流中获得启发能力	
a4、a18、b16、b18	AB11 市场开拓能力	
a5、a23、b13	AB12 市场调研与分析能力	
a14、b7、b24	AB13 需求理解发现能力	
a16、a17、a24、a39、b14	AB14 持续关注行业趋势变化	
a15、b23	AB15 对国家政策变化敏感	
a27、b19、b29、b33、b37	AB16 服务网络构建	合作研发能力 跨部门知识共享能力 科技服务配套能力 技术适应性改进能力
a25、a40、b20、b21、b30、b39	AB17 产业链整合	
a11、b34	AB18 知识产权服务	
a28、b22、b31、b32、b38	AB19 信息聚合能力	
a29、b25、b26	AB20 与大学和研究机构合作研究	
a42、b44	AB21 与技术研究机构合作	
a43、b42	AB22 产业链上下游合作	用户需求关联能力 合作式服务创新能力 科技金融支撑能力 创新创业孵化能力
a32、a33、b40	AB23 科技服务集聚	
a26、a30、b41	AB24 技术应用服务	
a47、b52	AB25 与其他企业合作研究	
a31、a61、b47	AB26 搭建技术服务公共平台	

续表

概念（126个）	初始范畴（51个）	副范畴（26个）
a44、a56、b45	AB27 优化组织知识结构	组织学习能力 知识库扩充能力 科技人员聚集能力
a46、a57、b48	AB28 知识资源重构	
a45、a58、b46	AB29 科技知识优化提升	
a42、b43	AB30 组织内部交流	
a44、b49	AB31 市场知识持续积累	
a54、b50、b51	AB32 知识要素协同	产学研协作能力 技术咨询能力 技术熟化能力
a60、b54	AB33 技术转移转化	
a19、a62、b56	AB34 技术咨询	
a50、b55	AB35 隐性知识显性化	
a64、a65	AB36 产业技术联盟	技术商业化能力 技术产业化能力
a51、b57	AB37 驱动产业发展	
a59、b58	AB38 市场沟通能力	
b54	AB39 工程化能力	
a63、b53	AB40 新技术的示范推广	
a12、a52	AB41 外部知识搜寻	技术引进能力 跨境知识资源对接能力
a12	AB42 研究网络国际化能力	
a36、a53	AB43 主动寻求外部技术源	
a49	AB44 引进国外技术	
a48、b60	AB45 跨国技术交流	
a38、b61	AB46 跨国联合研发	
a34、b60	AB47 与境外企业合作	跨国技术合作能力 技术输出能力
a37、b61	AB48 产品适应性开发	
a35、a55	AB49 产品本地化开发	
a41、b59	AB50 满足东道国市场需求	
a55、b61	AB51 设立国外分支机构	

4.2.2 主轴编码

主轴编码的目的在于建立开放性编码阶段所发现的各个范畴之间的有机联系，通过将独立的范畴加以联结，使被分解的资料重新整合，进而获得层次更高、概括性更强的范畴[208]。根据不同范畴在概念层次上的相互关联和逻辑关系，将开放性编码得到的26个副范畴进一步归类和抽象，共得出9个主范畴，分别是知识嫁接能力、市场对接能力、产业内前向耦合能力、产业内后向耦合能力、知识创造能力、知识转移能力、知识应用能力、跨国界知识寻求能力和跨国界知识应用能力。与前文相同，按照“因果条件→现象→脉络→中介条件→行动策略→结果”这一逻辑关系对9个主范畴进行典范模型分析，如表4-4所示。

表4-4 能力体系主轴编码及典范模型

主范畴知识嫁接能力的典范模型			
因果条件	科技知识积累、重视研发投入、突破性技术创新、合作共建实验室、科学家精神、建立产学研实践基地、联合高校培养人才	现象	与高校和科研院所的联结
脉络	核心技术研发能力	中介条件	研究成果搜寻和识别能力、知识消化吸收能力
行动策略	通过与技术创新源头合作，在创新知识消化吸收的基础上实现技术创新	结果	实现对创新源头技术和知识的高效吸收和利用
主范畴市场对接能力的典范模型			
因果条件	科技成果带土移植、与用户研究合作、交流中获得启发能力、市场开拓能力、市场调研与分析能力、需求理解发现能力、持续关注行业趋势变化、对国家政策变化敏感	现象	与市场服务对象的联结
脉络	市场需求对接能力	中介条件	客户需求差异化识别能力、行业变化和国家政策挖掘能力
行动策略	聚焦行业和政策变化，及时识别和对接客户对科技服务的差异化需求	结果	高效、高质地满足客户的服务需求

续表

主范畴产业内前向耦合能力的典范模型			
因果条件	服务网络构建、产业链整合、知识产权服务、信息聚合能力、与大学和研究机构合作研究、与技术研究机构合作	现象	不同类型科技服务企业的合作
脉络	跨部门知识共享、科技服务配套	中介条件	合作研发、技术适应性改进
行动策略	与研究开发、科技咨询、知识产权等科技服务主体的合作	结果	实现与科技服务链前端的协同
主范畴产业内后向耦合能力的典范模型			
因果条件	产业链上下游合作、科技服务集聚、技术应用服务、与其他企业合作研究、搭建技术服务公共平台	现象	不同类型科技服务企业的合作
脉络	合作式服务创新	中介条件	用户需求关联、科技金融支撑、创新创业孵化
行动策略	与技术转移、检验检测、创业孵化和科技金融等不同科技服务主体合作	结果	实现与科技服务链后端的协同
主范畴知识创造能力的典范模型			
因果条件	优化企业知识结构、知识资源重构、科技知识优化提升、组织内部交流、市场知识持续积累	现象	科技服务企业研究开发
脉络	知识库扩充	中介条件	组织学习、科技人员聚集
行动策略	通过集聚科技人员和组织学习实现自身知识资源持续更新	结果	实现各类知识的积累和提升
主范畴知识转移能力的典范模型			
因果条件	知识要素协同、技术转移转化、技术咨询、隐性知识显性化	现象	与科技服务链条上不同主体建立关联
脉络	产学研协作	中介条件	开展技术咨询和技术熟化
行动策略	通过科技服务配套和产业集聚，实现企业科技服务共享，提升企业服务能力	结果	提升企业技术转移转化能力

续表

主范畴知识应用能力的典范模型			
因果条件	产业技术联盟、驱动产业发展、市场沟通能力、工程化能力、新技术的示范推广	现象	与客户建立紧密联结
脉络	技术商业化、技术产业化	中介条件	市场沟通、技术适应性改进
行动策略	与服务对象合作组建产业技术联盟等活动	结果	高效实现创新技术的商业化和产业化
主范畴跨国界知识寻求能力的典范模型			
因果条件	外部知识搜寻、研究网络国际化能力、主动寻求外部技术源、国外技术引进、跨国技术交流、跨国联合研发	现象	开展技术引进
脉络	技术引进能力	中介条件	跨境知识资源对接能力
行动策略	与国际知名高校和科研院所建立合作研发中心	结果	引进外国先进科技服务配套，实现知识资源扩展
主范畴跨国界知识应用能力的典范模型			
因果条件	与境外企业合作、产品适应性开发、产品本地化开发、满足东道国市场需求、设立国外分支机构	现象	开展技术输出
脉络	技术输出能力	中介条件	跨国技术合作能力
行动策略	实现科技服务与国外产业的关联	结果	实现跨国界科技服务的提供

4.2.3 选择性编码

通过选择性编码进一步提炼和抽象化主要范畴，以便获得更具概括性和综合性的概念。这些概念能够核心地统领主范畴，从而更简明地表达整体资料的现象。在这一过程中，主要是发现核心范畴以及其与其他范畴之间的关系，以实现对全部资料现象的简明描述，同时构建出理论架构和初步模型。在验证的过程中，会确认前文总结出的各个范畴之间的关联，同时兼顾主要范畴之间的相互关系，以及这些主要范畴与整体能力体系之间的紧密联系。本书将主范畴知识嫁接能力和市场对接能力归纳为跨产业联结能力这一核心范畴；将主范畴产业内前向耦合能力和产业内后向耦合能力归纳为产业内耦合能力这一核心范畴；将主范畴知识创造能力、知识转移能力和知识应用能力归纳为全面协同能力这一核心范畴；将主范畴跨国界知识寻求能力和跨国界知识应用能力归纳为国际联接能力这一核心范畴。故事线可描述为：科技服务企业在其市场立足阶段往往将其跨产业联结能力与创新知识源和市场服务对象进行频繁联结；而发展到服务增强阶段则需要将产业内耦合能力与科技服务链条上不同服务主体建立耦合关系，共同提升服务层级和水平；当成长到全面发展阶段后则需要使其全面协同能力在知识创造、转移和应用全链条上发挥作用。此外，在当前经济开放大背景下科技服务企业成长的所有阶段都需要国际联接能力持续发挥助推作用。因此，科技服务企业能力体系可以由跨产业联结能力、产业内耦合能力、全面协同能力和国际联接能力四种能力要素组成，如表 4-5 所示。

表 4-5　能力体系选择性编码

核心范畴	主范畴
跨产业联结能力	知识嫁接能力、市场对接能力
产业内耦合能力	产业内前向耦合能力、产业内后向耦合能力
全面协同能力	知识创造能力、知识转移能力、知识应用能力
国际联接能力	跨国界知识寻求能力、跨国界知识应用能力

经过选择性编码阶段之后，对三级编码过程中涉及的全部范畴再次进行了提取和整理。在这一过程中，通过咨询科技服务企业的管理人员以及相关领域的专家学者，进行了理论饱和度的验证。经过验证，未发现新的其他重要概念、范畴或关系的出现。本章采用了双案例研究法，通过分析两个案例样本的数据，得出了一致的核心范畴和故事线。这些数据呈现出一致性，从而形成了相互印证的关系。这种方法使得两个案例之间的研究结果能够相互补充和验证，增强了研究结果的可信度和可靠性。

4.3 其他案例辅助分析

4.3.1 华大基因

深圳华大基因科技有限公司（以下简称华大基因）创立于1999年，是全球领先的前沿生命科学机构。公司以“基因科技造福人类”为使命，以“健康美丽，做生命时代的引领者”为愿景，采用产学研一体化的发展模式，引领基因组学的创新发展。通过遍布全球100多个国家和地区的分支机构，与各产业链相关方广泛合作，将多领域的前沿基因组学科研成果应用于医学健康、资源保护、司法服务等领域。同时，公司以自主可控的先进设备、技术支持和解决方案，满足了精准医疗、精准健康等与国计民生息息相关的实际需求。

1993年，从纽约大学医学院辞去研究助理一职的于军在西雅图与在华盛顿大学做博士后研究的汪建相识。此时著名基因组学家、美国科学院院士 Maynard V. Olson 邀请了于军，希望他参与共同创立“人类基因组计划”，并主导具体的研发和实验工作。在与汪建的深入交流中，于军提出了将“人类基因组计划”的想法带回中国，这个想法得到了汪建的全力支持。之后于军在寻找合作伙伴时，通过汪建认识了在丹麦工作的杨焕明。杨焕明的研究方向正是人类遗传学，在后来的学术对接和科学普及方面发挥了积极的助推作用。此后，汪建回国和朋友创立了临床检测试剂公司 GBI。

1998年，杨焕明、于军与汪建在中国科学院遗传与发育生物学研究所成立了人类基因研究中心。1999年9月，经积极争取，人类基因组计划国际组织决定由中国承担1%的测序任务。中国科学院遗传与发育生物学研究所人类基因研究中心代表中国参加该项研究计划，使得我国成为世界上第六个参与人类基因组计划测序任务的国家。为了顺利完成该项任务，1999年9月9日，三人组建了华大基因，并将其发展壮大至今。华大基因的起步阶段得益于三人良好的教育背景以及中国科学院遗传与发育生物学研究所的大力支持，这为华大基因提供了先天优势条件。因此，在严重急性呼吸综合征（SARS）病毒肆虐全球期间，出于对市场需求的高度敏感以及强烈的社会责任感，华大基因充分发挥产业对接能力，成为国内首家破译 SARS 病毒全基因组序列的企业并在全球率先发布 SARS 诊断试剂盒。

自2006年开始，华大基因逐步实现服务能力的提升。2008年，深圳华大基因研究院、英国桑格研究所以及美国国立人类基因组研究所等多家机构共同启动了“千人基因组计划”，使得华大基因可以充分利用国外先进研究机构的创新资源优势，积极开展跨国界的知识寻求。此外，为了进一步解决基因检测设备受制于人的窘境，2013年，华大基因斥巨资收购了美国上市公司、三大高通量测序仪制造商之一——完整基因组公司（CG），通过与产业链上其他主体的交互，实现了服务能力提升。

2014年，华大基因进一步调整发展战略，决定从“科技合作”“科技服务”走向“医学服务”的全面发展之路。一方面，充分利用华大基因研究院的研发优势开展知识创造，紧紧围绕基因组学核心技术和前沿科学问题开展相关研究工作，重点聚焦生命科学基础研究领域的前沿方向和关键问题。另一方面，积极开展基因组学核心技术的应用转化，突破了低成本可扩展测序平台、新型合成系统等拥有自主知识产权的世界领先核心技术，实现了对出生缺陷、传感染性疾病、肿瘤和心血管病等的高效检测和预防。此外，为了更好地对接市场需求，华大基因充分发挥其知识应用转化优势。2020年初，新型冠状病毒感染暴发初期，华大基因第一时间研发出了核酸检测试剂盒，并在武汉建立了第一个“火眼”实验室，把当时华大基因在武汉的核酸检测通量从每天只能检测几百例，提升到每天能检测万例样本。

4.3.2 昆山工研院

昆山工研院挂牌成立于2008年7月，是昆山市借鉴台湾工业技术研究院经验设立的科技创新核心平台，致力于成为昆山产业发展的高端智库、科技创新的协同龙头、技术转移的平台枢纽、一流人才的引育高地、体制机制的创新特区。

昆山工研院成立之初就围绕昆山特色产业开展技术应用研发和公共技术服务活动。为更好地服务于昆山产业发展，2008年10月，昆山工研院相继成立了工研院智能机器人研究所和小核酸生物技术研究所。一方面，充分利用高校和科研院所的知识创新优势，如小核酸生物技术研究所是由清华科技园和昆山工研院共同组建的。这在一定程度上可以充分发挥清华科技园的研发优势，实现创新知识的高效嫁接。另一方面，通过对机器人产品的自主研发，还可以帮助昆山智能装备企业转型升级，更好地服务产业市场。伴随着昆山工研院的快速发展，为了更好地对接产业市场，昆山工研院又于2009年和2010年组建了新型平板显示技术中心、木制品及家具国家级重点实验室，通过快速高效识别相关行业领域市场需求，进行精准研发。此外，为了持续提升知识嫁接能力，公司还积极主动与作为创新源头的高校和院所持续对接，2011 年相继成立了南京大学昆山创新研究院和中国科学院微电子研究所。

2012 年，随着昆山工研院服务能力的进一步提升，企业发展进入了协同创新体系建设阶段。2013 年，为全方位服务行业企业，昆山市搭建了昆山“一站式”科技创新公共服务平台，平台包括科技信息、仪器共享、人才发展、科技金融、技术转移、产学研合作、知识产权及项目孵化 8 个平台。昆山工研院积极承担其中相关功能板块，充分发挥自身优势，积极与科技服务链条上其他创新主体进行对接，不断将国内外优秀资源和社会资本引入昆山科技市场。同年，昆山工研院与全球最大技术转移机构之一——德国史太白经济促进基金会合作组建了中国第一个技术转移中心，并成功引入了高端汽车零部件工艺技术开发与产业化项目，围绕热处理技术产业链，促进了昆山市高端汽车零部件制造产业集群的形成。此外，昆山工研院还积极利用国外创新机构的便利优势，积极开展跨国界知识寻求。2017 年昆山杜克大学计算图像技术研究中心和蒙纳士艺术与建筑设计（昆山）中心相继成立。这些中心的相继建立除了有利于我国吸收借鉴国外创新机构的资源，我国还可以借助这些中心持续关注国外相关领域产业市场的发展动态，为下一步进行跨国界知识应用提供支撑。

2018 年起，昆山工研院进入全面发展阶段，公司向着高质量发展迈进。为了进一步提升昆山工研院的全方位服务能力，公司高度重视自身知识生产和创造能力的持续优化，充分利用国内外创新资源，通过组建各种类型、各种领域的研究中心，保持在某些细分领域的特色优势和技术领先。同时，积极对接行业企业，通过与企业联合组建产业创新中心或研究中心等方式，努力提升知识转移和应用能力，如昆山杜克大学人工智能技术研究中心正是由昆山工研院与昆山杜克大学、伊沃人工智能技术（江苏）有限公司共同设立的，该研究中心依托昆山杜克大学的研发能力，借助工研院的平台影响力，以及联合伊沃公司的市场化推广能力，形成产学研一体化的新型综合研究中心，致力于人工智能技术研发并推动其产业化应用。

4.3.3 浙大网新

浙江浙大网新集团有限公司（以下简称浙大网新集团）成立于 2001 年，聚焦产学研协同创新系统，为大众创业创新提供整体解决方案。通过科技 + 金融 + 运营的全方位管理和服务，为产业发展提供空间、资金、技术、人才等要素支撑，先后培育了浙大网新科技股份有限公司和浙江众合科技股份有限公司等多家上市公司及百余家中小企业，在科技服务、金融服务、创新研究、智慧园区、轨道交通、能源环保、智慧园区、智慧政务、智慧商务及智慧生活等多个领域，开展科技成果研发及转移转化活动。

浙大网新集团第一届董事长由时任浙江大学校长潘云鹤院士担任。可以说，浙大网新集团自成立以来就与浙江大学有着无法割裂的关系，公司依托浙大生生不息的创新源泉，不断培育知识嫁接能力，持续推动自身的蜕变和发展。尤其是 2006 年，浙大网新集团与浙江大学开展全面战略合作，积极对接科技成果产业化渠道，通过产学研合作模式助力绿色智慧城市建设与运营业务。同时，公司积极挖掘杭州城市建设过程中的市场需求，主导智慧城市和智慧园区建设，以科技园为平台提高国际化的产学研协同创新能力，通过产业定位咨询、空间建设规划、项目投资管理、园区招商运营、协同创新平台和产业孵化器建设运营与投资、高科技技术转化、园区企业增值服务的方式提供产业集聚和培育服务。

2012 年，浙大网新集团构建起了“科技 + 金融”的企业创新体系，旨在培育自主创新和国际竞争力，公司业务迈上了新台阶。此外，公司还关注与科技服务链条上其他主体及业务的交互，如重视与科技金融领域的紧密合作，在基础设施及公共服务领域，提供金融投资 + 咨询服务 + 项目管理“三位一体”的综合解决方案。2017 年 4 月，作为全国首批、浙江首单政府和社会资本合作（PPP）资产证券化产品，“中信建投——网新建投庆春路隧道 PPP 项目资产支持专项计划”顺利上市发行，成为我国 PPP 项目资产证券化产品的试点示范案例。此外，公司还积极拓展创新创业孵化业务，充分发挥浙江大学人才、科技和学科优势，为创新创业团队提供相关孵化服务。2018 年，浙大网新科技产业孵化园开工建设，旨在通过聚焦高技术产业，积极开展创新创业孵化业务。

2018 年，浙大网新集团积极应对数字经济时代的到来，通过“平台化 + 数字化”双重赋能，致力于打造科技与产业融合时代的数字化赋能者，公司开始迈入高质量发展阶段。公司与浙江大学计算机创新技术研究院等高能级创新平台展开了建立业务生态系统的系列合作，利用这些高能级创新平台积极开展人工智能和数字化相关领域的关键技术研发和创新。同时，主动对接行业市场，充分利用自身技术创新优势，积极开展人工智能和产业数字化相关创新技术的转化和应用。2021 年 5 月，公司与西湖电子集团在 5G 数字应用和新能源产业的培育发展、数字产城的拓展建设运营和产业投资基金等领域达成战略合作关系，通过发挥各自的资源优势，建立紧密的产品、服务和市场合作，实现业务互补和整合联动发展，共同推动双方技术与产业升级。

4.4 科技服务企业能力体系组合模型

本章通过 3 次编码分析，提炼和归纳出科技服务企业的能力体系组合模型。发现跨产业联结能力、产业内耦合能力、全面协同能力和国际联接能力对科技服务企业的发展具有较强的解释作用，可以说是科技服务企业应具备的 4 个方面能力，因此可以称之为科技服务企业的能力体系组合模型，如图 4-2 所示。

借助扎根理论的双案例研究分析法表明：跨产业联结能力、产业内耦合能力、全面协同能力和国际联接能力构成了科技服务企业的能力体系。科技服务企业的能力体系需要发挥多种因素的综合作用，个体能力要素在能力体系中发挥特定作用。具体表现为跨产业联结能力发挥科技服务企业在知识创新和引领市场的基础作用；产业内耦合能力发挥科技服务企业推动科技服务链条上下游协同的核心作用；全面协同能力发挥科技服务企业推动科技创新成果商业化和产业化的系统作用；国际联接能力对上述 3 个能力都发挥着积极推动作用。在创新能力体系内，各能力要素虽是独立的，但仍对所有能力要素的系统效用起到补充作用。案例编码分析结果如表 4-6 所示。

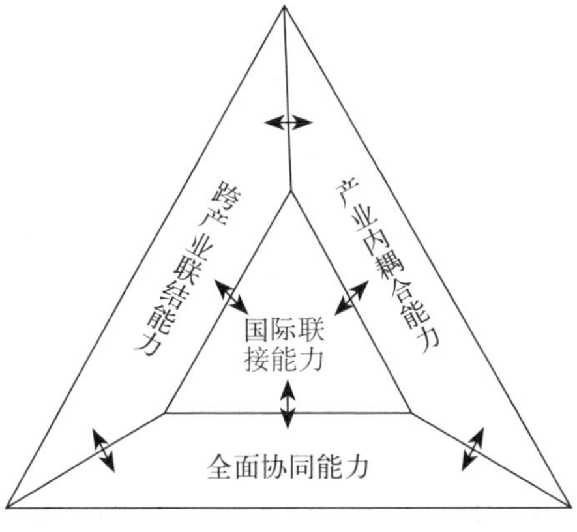

图 4-2 科技服务企业能力体系结构图

表 4-6 案例编码分析结果

核心范畴	主范畴	副范畴	初始范畴	概念
产业对接能力	机会识别能力	客户需求识别能力、行业变化识别能力、政策挖掘能力	A1 交流中获得启发能力 A2 市场开拓能力 A3 市场调研与分析能力 A4 需求理解发现能力 A5 持续关注行业趋势变化 A6 对国家政策变化敏感	a1 逐步积累行业经验、a2 交流中获取商机、a3 发现咨询服务商机 a4 具备行业基础知识、a5 市场主体的快速扩展、a6 逐步拓展市场份额 a7 具有相关从业经验的高管、a8 产品知识延展、a9 重视市场调研分析 a10 快速挖掘市场需求、a11 聚焦企业主营服务领域、a12 快速识别市场需求 a13 市场需求催生服务提供、a14 根据市场变化制定发展战略、a154 跨行业领域知识拓展、a16 合理把握行业发展趋势、a17 识别行业趋势 a18 充分把握国家政策变化、a19 快速响应国家政策
	需求对接能力	用户需求关联能力、对接客户需求能力、成果推广和应用能力	A7 与用户研究合作 A8 产业技术联盟 A9 驱动产业发展 A10 市场沟通能力 A11 工程化能力 A12 新技术的示范推广	a20 掌握基础性服务知识、a21 提供基础的专业科技服务、a22 提供专业咨询服务 a23 联合企业建立标准联盟、a24 与协会合作建立统一标准 a251 合作主体范围不断扩大、a26 产业链上下游合作 a27 综合性市场知识积累、a28 持续扩展市场应用领域 a29 技术工程化应用显著 a30 扩展技术服务领域、a31 新技术的推广示范

续表

核心范畴	主范畴	副范畴	初始范畴	概念
服务链耦合能力	前向耦合能力	合作研发能力、跨部门知识共享能力、科技服务配套能力	A13 服务网络构建 A14 产业链整合 A15 知识产权服务 A16 信息聚合能力 A17 与技术研究机构合作	a32 综合性服务能力提升、a33 拓宽服务领域、a34 多主体学习、a35 跨行业工程技术知识 a36 行业市场经验积累、a37 产业链知识整合、a38 多学科知识整合、a39 构建全环节服务、a40 行业工程设备知识、a41 服务产业链条拓展 a42 重视知识产权保护 a43 建立外部知识关联、a44 市场催生服务提供、a45 巩固核心技术知识、a46 行业技术信息、a47 信息服务知识趋强 a48 打造服务合作网络、a49 持续积累合作服务知识
	后向耦合能力	合作式服务创新能力、创新创业孵化能力、科技金融支撑能力	A18 产业链上下游合作 A19 科技服务集聚 A20 技术应用服务 A21 与其他企业合作研究 A22 搭建技术服务公共平台	a50 整合上下游科技服务链、a51 多主体协同服务 a52 服务知识边界扩大、a53 合作服务知识趋强、a54 市场知识全面集成 a55 应用技术知识巩固、a56 参与制定国家和行业标准、a57 市场知识全面集成 a58 与其他科技服务企业建立关联、a59 与其他企业合作共同拓展市场 a60 搭建技术服务公共平台、a61 与其他服务机构合作共建实验室、a62 设立技术创新研发平台

续表

核心范畴	主范畴	副范畴	初始范畴	概念
创新源连接能力	知识搜寻能力	知识资源对接能力、知识消化吸收能力	A23 主动寻求外部技术源 A24 科技成果带土移植 A25 优化组织知识结构 A26 知识资源重构	a63 寻求外部知识资源、a64 充分利用外部知识资源 a65 充分利用高校科技资源、a66 聚焦工程应用、a67 积极实现专利转化 a68 产业知识全方位提升、a69 行业知识范围扩大、a70 重视新领域的技术创新 a71 综合性服务知识趋强、a72 合作服务知识升级、a73 持续提升科技知识资源
	知识共创能力	核心技术研发能力、技术适应性改进能力	A27 重视研发投入 A28 合作共建实验室 A29 突破性技术创新 A30 科学家精神 A31 联合高校培养人才	a74 基础学科知识深化、a75 创始团队重视技术提升、a76 重视技术研发、a77 重视研发投入 a78 合作培养技术人才、a79 建立联盟进行技术合作攻关 a80 与其他科研机构合作共建实验室、a81 技术研发合作 a82 联合培养人才、a83 拥有研究所工作背景 a84 开拓者精神、a85 创造性

4.4.1 科技服务企业能力体系组合

由前文分析可知，在科技服务企业生命周期中，跨产业联结能力、产业内耦合能力、全面协同能力和国际联接能力会协同发挥作用，共同提升科技服务企业竞争力。根据各能力要素和整体能力体系的关系，对各能力要素具体内涵和特征进一步细化，具体如下。

（1）跨产业联结能力

跨产业联结能力是科技服务企业利用科技知识和市场知识提供科技服务的能力，包括知识嫁接能力和市场对接能力。跨产业联结能力对处于市场立足阶段的科技服务企业产生基础核心作用。由于该阶段企业尚未建立起良好的外部创新网络，难以实现与创新链条多主体的协同，只能利用自身知识资源提供科技服务，通过与服务对象尽快建立紧密关联达到立足市场的目的。因此，科技服务企业可以充分利用跨产业联结能力与作为科技知识创新源头的高校、科研院所进行深入合作，实现科技知识的吸收与推广，通过与服务对象高频次联结，实现市场知识的逐步积累，进而实现科技知识的推广与应用。知识嫁接能力是指科技服务企业利用创新源头知识资源的能力，该能力可以一定程度上提升其核心技术研发能力，通过对创新源头的科技知识的消化吸收进一步实现研究成果的推广和应用。Howells[209] 认为技术类知识型服务机构作为“知识桥梁”，与高校和科研院所的技术知识资源联系更为广泛与深入，能更好地实现技术知识的创造和传播。知识嫁接能力主要与核心技术研发能力、知识消化吸收能力、研究成果推广和应用能力有关，体现了科技服务过程中科技知识资源的重要性。市场对接能力是指科技服务企业与服务对象建立关联的能力，可以使企业更好地发现市场需求变化以及顾客需求的差异，通过与用户进行合作研究更好地提供服务。Kelley[210] 等认为客户可以通过信息提供和参与创造等方式参与服务过程，企业的服务效果也因客户的参与程度高低而不同。企业战略制定和实施应该从传统的产品主导逻辑向服务主导逻辑转变，服务主导逻辑强调企业应当以顾客为导向开展生产和服务活动，关注顾客在价值共创中的角色和作用[211]。市场对接能力主要与本土市场需求对接能力、国际市场需求对接能力、客户需求差异化识别能力、国家政策和行业趋势挖掘能力有关，体现了市场知识资源的重要性。

（2）产业内耦合能力

产业内耦合能力是科技服务企业对服务链不同主体的整合能力，包括产业内前向耦合能力和产业内后向耦合能力。产业内耦合能力使得科技服务企业发挥了推动科技服务链条上下游耦合的核心作用。由于科技服务企业之间存在着功能上的依赖关系，伴随着科技服务企业进入服务增强阶段，单个服务企业越来越难以独立完成服务创新。科技服务企业为向服务对象提供高效科技服务，亟待通过与服务链条上其他主体建立合作，如通过科技服务产业集聚发挥科技配套综合服务功能。在对外提供科技服务的过程中，科技服务企业往往需要研发、咨询、金融以及技术熟化等方面的综合服务，这就要求科技服务链内部能够在一定程度上形成产业集群或结成服务联盟，通过构建科技服务资源共享平台把服务知识关联起来，进而实现技术商业化和产业化[212]。产业内前向耦合能力是科技服务企业对科技服务链条上研究开发、科技咨询、知识产权等不同主体的科技服务活动的整合能力，主要与合作研发能力、跨部门知识共享能力和科技服务配套能力有关。产业内后向耦合能力是指科技服务企业对科技服务链条上技术转移、检验检测认证、创业孵化和科技金融等不同主体的科技服务活动的整合能力，主要与用户需求关联能力、合作式服务创新能力、技术适应性改进和科技金融支撑能力有关。不论是产业内前向耦合能力还是产业内后向耦合能力都体现了科技服务企业服务知识资源的重要性。

（3）全面协同能力

全面协同能力是科技服务企业利用科技知识、服务知识和市场知识提供科技服务的能力，包括知识创造能力、知识转移能力和知识应用能力。全面协同能力使得科技服务企业发挥了推动科技创新成果商业化和产业化的系统作用[213]。基于知识视角，任何社会机构所从事的活动均为知识活动，社会整体就是一个知识活动系统[214]。Anklam 提出，由于经济发展需要，企业通过协同的方式进行知识创新能够弥补知识缺口，并可获得多主体、多目标、多任务间的“1+1>2”的知识协同效应[215]。知识协同是由多个拥有知识资源的行为主体协同参与、以知识创新为目的的知识活动过程[216]。因此，具有知识密集属性的科技服务企业在知识协同过程中，应始终将知识资源作为运行和管理的核心，除为知识资源转移提供服务外，还应该具有为知识资源生产和应用提供服务的功能。尤其是当企业进入全面发展阶段后，更需要培养全面协同能力，通过与创新链条上各类创新主体建立协同网络开展知识创造、转移和应用[217]。传统的技术服务中介机构已经无法适应当前经济社会发展需要，科技服务企业应向综合化、产业化、网络化和社会化发展，须覆盖知识生产、转移、传播与应用的全部环节，如美国斯坦福国际研究院和兰德公司。知识创造能力是科技服务企业利用组织学习能力通过知识重构持续实现自身知识库扩充的能力，其体现了科技服务企业研究开发的功能。因此科技服务企业不应该只是通过为顾客提供知识服务来发挥其知识桥梁作用[218]，而应该利用自身知识库积极进行技术自主研发或与外部知识网络进行合作实现知识创造。当然，其中知识嫁接能力会持续发挥作用，外部创新源头可以为科技服务企业提供更为先进的创新成果，助力开展知识创造活动。此外，市场对接能力和产业内耦合能力也会发挥一定辅助作用，促使科技服务企业更好地开展知识创造活动。知识创造能力与知识库扩充能力、组织学习能力和科研人员水平有关。知识转移能力是科技服务企业结合自身实际通过发挥其处于科技服务链条上的不同功能作用来开展技术咨询、知识产权管理、技术转移、创新创业孵化等活动以实现技术转移的能力，与产学研协作能力、技术咨询能力和技术熟化能力有关。由于知识转移在实践中会面临不同的网络结构特征，需要重新配置、整合资源以实现与知识转移需求的动态匹配[219]，因此科技服务企业更应该与科技服务链条上不同主体建立关联，更好地发挥知识转移能力，这一定程度上也体现了产业内耦合能力的作用。此外，科技服务企业也需要发挥市场对接能力的辅助作用，通过精准识别市场主体的差异化需求，最大限度地提升知识转移效果。知识应用能力是指科技服务企业通过与服务对象合作组建产业技术联盟等活动来推动技术商业化和产业化的能力，其与技术商业化能力和技术产业化能力有关。服务主导逻辑认为产品或服务的价值是由顾客与企业共创的，顾客参与对企业服务创新提升效果显著[220]。因此科技服务企业的知识应用能力需要更多地与服务对象紧密互动，从而高效实现创新技术的商业化和产业化。当然，知识应用能力的发挥也离不开科技服务链上各主体耦合作用的辅助。因此，全面协同能力是科技服务企业发展到一定阶段后，通过与产业内外不同创新主体的协同合作从而构建的一种综合能力，是从社会知识活动系统视角对科技服务企业前期各阶段能力的综合提升，如图 4-3 所示。

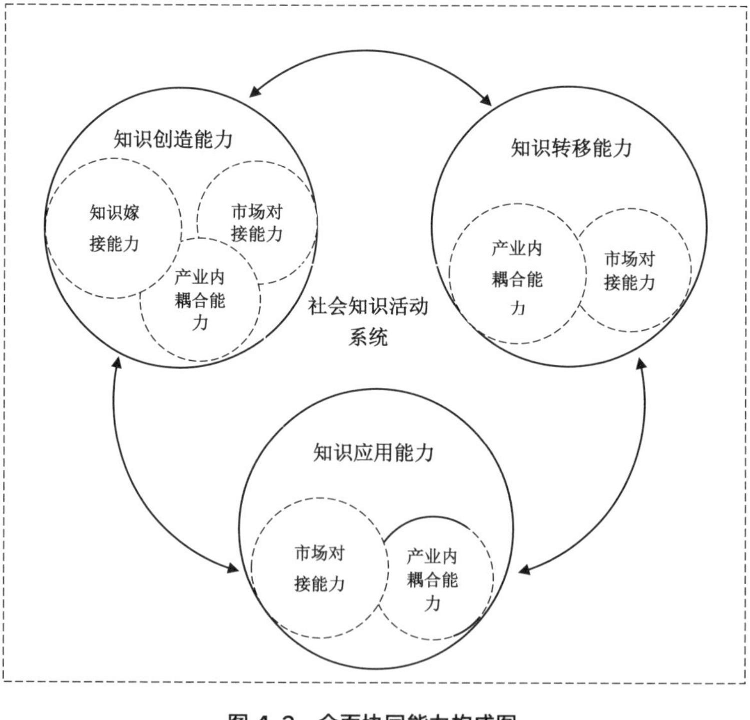

图 4-3　全面协同能力构成图

（4）国际联接能力

国际联接能力是科技服务企业在全球创新网络中开展技术引进和输出的能力，包括跨国界知识寻求能力和跨国界知识应用能力。只要企业发展到一定阶段或具有先天国际性特征，就会充分利用该能力在全球范围内进行知识寻求或通过跨国界技术应用扩大企业的国际影响力。首先，科技服务企业国际联接往往遵循先易后难的方式进入国际市场，在初始阶段会把本土较为成熟的技术进行产业化出口或者直接对外提供科技型服务，通过技术跨国界转移进行技术输出，实现科技服务与国外产业的关联。其次，科技服务企业通过与国际科技服务机构合作，积极引进国外先进科技服务配套支持提升科技服务能力。最后，为了充分利用国内外双方在科技研发方面的互补优势，选择国际知名高校和科研院所建立合作研发中心，在国际范围内进行知识寻求。因此，国际联接能力对科技服务企业能力体系具有辅助性推动作用，其在企业发展的不同阶段都会对跨产业联结能力、产业内耦合能力以及全面协同能力发挥推力，从而实现科技服务企业能力体系的有机融合，发挥其协同效应。

4.4.2 科技服务企业能力体系演变规律

前文在编码过程中，根据样本科技服务企业在各发展阶段的主要特点，依次划分为市场立足、服务增强和全面发展 3 个发展阶段。为了进一步深入探索科技服务企业的动态演变过程，受产业共生理论的启发，发现科技服务企业作为连接知识链和产业链的“桥梁”，其作用的发挥离不开与创新知识资源和产业市场的交互和对接。而产业共生的核心和实质正是跨组织间的合作，跨组织间的合作使得组织的环境效益和经济效益都有所增加[221]。同时，在网络范式的开放创新背景下，科技服务企业也需要积极与包括高校院所、其他科技服务企业、市场服务主体等创新链上各类主体建立紧密的关系嵌入，进而提升服务能力和质量[222]。因此，基于科技服务企业在发展过程中对创新链条上科技活动与产业活动的介入程度的动态演变过程，可以把科技服务企业的发展阶段命名为单向关联阶段、双向延伸阶段和双向共生阶段，分别对应前文两个典型案例样本企业的市场立足、服务增强和全面发展的 3 个发展阶段。

其中，单向关联阶段是科技服务企业刚刚进入市场时，为尽快在市场立足，科技服务企业往往会选择传统的中介模式。一些企业通过对接高校院所获取创新资源，实现知识资源库扩充，以此来提升自身市场竞争力；还有一些企业通过对接市场服务主体，利用自身现有知识资源提供企业擅长的某一类科技服务。双向延伸阶段是科技服务企业逐步在市场立足后，为进一步提升服务能力和水平，积极与科技服务链条上其他前后向主体进行耦合协作，逐步实现科技服务的集成化和综合化。双向共生阶段是科技服务企业深度介入科技创新和产业创新后逐步进入全面发展的阶段，此时科技服务企业需要与产业内外各类创新主体建立全面协同，进一步优化升级自身能力体系，进而向市场主体提供覆盖创新知识创造、转移和应用的高端化、专业化的全链条科技服务。

同时，在编码过程中还发现，科技服务企业能力体系在不同发展阶段也有不同的匹配组合，表现出相应的动态演变规律。在单向关联阶段，跨产业联结能力是其主导能力，产业内耦合能力和国际联接能力为辅助能力；在双向延伸阶段，产业内耦合能力是其主导能力，跨产业联结能力和国际联接能力则为辅助能力；在双向共生阶段，全面协同能力为其主导能力，国际联接能力则为辅助能力，见图 4-4。

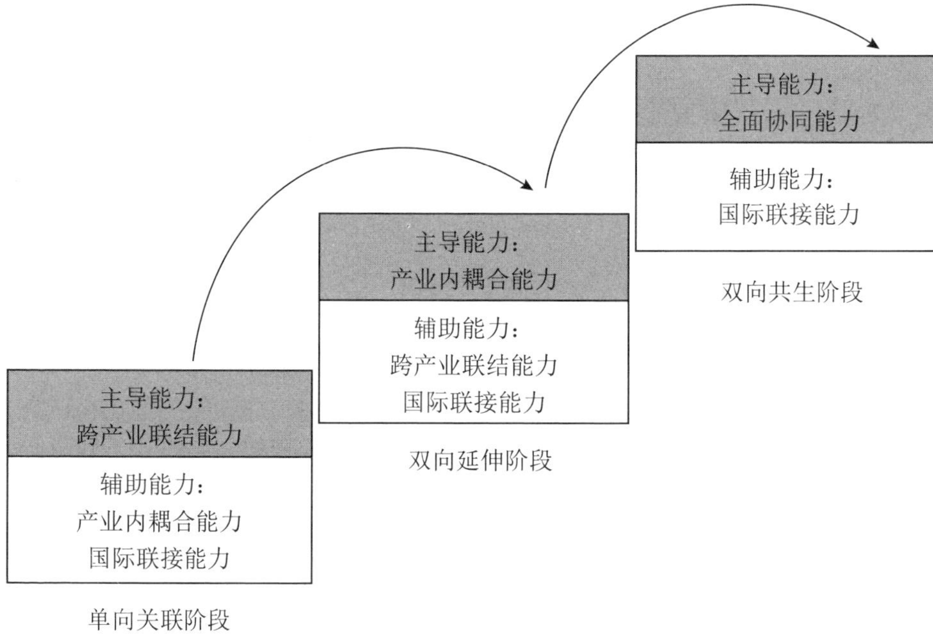

图 4-4　科技服务企业能力体系演变过程图

（1）单向关联阶段

科技服务企业在发展初期往往会从“中介型”“红娘型”服务开始入手，通过分别与创新知识源头或市场服务主体建立单向关联，充分利用企业现有的知识资源开展科技服务活动。有的科技服务企业利用自身专利权、新技术、新工艺在内的科技知识积极对接服务对象，通过技术交易等方式开展技术研发或技术转移等业务活动。例如，汇能科技在发展初期正是充分利用了其高温冷凝水回收专利技术来为委托企业提供专业热力系统项目的可行性研究。此时，科技服务企业需要具备良好的知识嫁接能力来发挥企业服务市场主体的作用。此外，还有些科技服务企业在起步阶段，通过密切关注市场需求和政策变化来开展相应的技术咨询、检验检测等科技服务活动，这类企业利用市场知识，通过组建产业技术联盟，主动挖掘市场客户的技术和服务需求，进而实现科技成果转化。例如，华测检测最初的管理团队成员并没有在检测领域积累过多的专利和技术，而是专注于从系统认证咨询行业的工作中积累丰富的运营经验，因此更擅长公司治理、资本运作、开拓市场以及处理政府关系等方面。由于缺乏技术的积累，华测检测的发展以市场作为第一选择，充分借助当时国家政策带来的检测业务增长，积极拓展市场提供检验检测服务。此时，科技服务企业则需要具备良好的市场对接能力来及时发现并挖掘市场上的服务需求。因此，在单向关联阶段，科技服务企业需要具备良好的跨产业联结能力来主导其服务能力和质量的提升。

此外，科技服务企业在单向关联阶段还需要一定的产业内耦合能力和国际联接能力来辅助跨产业联结能力发挥作用。例如，汇能科技在创立之初的很长一段时间内，一方面充分利用知识嫁接能力进行技术研发服务，同时还积极开展热力系统节能咨询及工程技术服务，这使得汇能科技在整个科技服务链上下游有效衔接，发挥了企业的后向耦合能力。此外，华测检测创立之初，由于缺乏检验检测领域的核心技术，其只能在发挥市场对接能力的基础上，积极引进具有国际检验检测行业从业经验的夏云作为公司副总裁，利用其从业经验开展跨国界知识搜寻，充分发挥国际联接能力来进一步扩展企业相关领域知识资源。

（2）双向延伸阶段

科技服务企业经过一段时间的发展，在充分利用跨产业联结能力发挥企业科技知识资源和市场知识资源作用的同时，科技服务业企业还需要发挥产业内前向耦合能力，对科技服务链条上研究开发、技术转移、知识产权等不同主体的科技服务活动进行整合，通过与不同创新主体的合作研发、跨部门知识共享等活动实现技术知识扩展的同时，还需要为技术知识的转移转化提供创业孵化和知识产权服务。例如，2006 年，汇能科技通过与大连理工大学合作，充分利用高校的多学科优势和人才优势，与机械、材料、化工、能源动力、环境等多领域专家合作研发，扩展了企业在能源审计领域的技术知识资源。此外，科技服务企业还需要发挥产业内后向耦合能力，对科技服务链条上技术转移、检验检测认证、科技咨询和科技金融等不同主体的科技服务活动进行整合，通过与不同创新主体的合作式服务创新、技术适应性改进和科技金融支撑服务等活动实现与市场知识的紧密对接，进而更好地实现科技知识的产业化和商业化。例如，2008 年华测检测与欧洲最大的检测服务公司成立合资公司——华德检测技术开发有限公司（以下简称华德检测），通过双方紧密合作，华德检测不仅为欧洲消费品进口商提供质量安全服务，也帮助我国制造商顺利获得产品进入欧洲的通行证。这同时也表明，科技服务企业在双向延伸阶段也需要发挥国际联接能力来辅助产业内耦合能力发挥作用。华测检测通过在包括美国、英国在内的共 42 个国家或地区建立合资公司提供检测服务，同时也通过跨国界的知识寻求和知识应用把服务链扩展到国际市场。

（3）双向共生阶段

科技服务企业进入全面发展阶段后，应积极与创新链条上各类创新主体建立全面协同。首先，通过与创新源头的联接实现自身知识资源的持续更新和扩充；其次，通过与不同类型服务企业建立关联为知识资源的转移和应用创造良好的服务环境；最后，通过与服务对象对接，实现知识资源的应用，同时根据市场需求变化进行企业知识资源的更新升级。知识创新被认为是科技创新的源头，科技服务企业的发展离不开技术创新资源的支持，其从技术创新源头那里获取创新知识、研发人才和突破性技术，助推企业服务能力的提升。科技服务企业可以通过与技术创新源头机构的紧密合作，进行相关领域技术的研发和创新从而实现知识生产，也进一步拓宽了自身科技知识资源。同时，科技服务企业还需要与行业企业构成融合、互动、协同的发展态势，建立创新型服务企业，联合高校、科研机构或其他科技服务企业的技术创新合作联盟实现知识转移和应用。此外，为了顺利、高效地实现技术创新源头创新知识和突破性技术在产业领域的转移转化，还需要科技服务企业充分联接科技服务链条上各主体，实现科技服务链条上的研发开发、知识产权、技术转移、技术咨询和科技金融等不同功能耦合，进而实现创新知识的高效转移。因此，在双向共生阶段，科技服务企业通过发挥知识创造能力、知识转移能力和知识应用能力来更好地为经济社会发展提供科技服务支撑。例如，2015 年华测检测成立了华测艾普—爱基因国家级基因检测合作实验室进行药物临床前技术研究开发，利用其知识创造能力拓展了华测检测在药物临床前技术研究领域的科技知识储备。此外，2017 年大连汇能科技组建了跨学科的工业节能与绿色发展评价中心，不断开展节能技术研发，进行知识创造，持续扩展企业知识资源。同时，大连汇能科技为了加快其节能技术市场应用力度，和中凯化学（大连）有限公司（以下简称中凯化学）进行合作，充分利用中凯化学已经在市场上积累的大量客户资源，建立了与市场之间的坚固桥梁，利用其知识应用能力为服务对象提供了大量节能减排技术服务。

同样，科技服务企业在双向共生阶段更应该积极发挥其国际联接能力辅助科技服务企业在全球市场进行业务活动开展。首先，科技服务企业可以通过跨国界知识搜寻，通过与国外高校建立合作，更好地发挥科技服务企业知识创造能力。例如，2014 年华测检测与美国加州大学洛杉矶分校合作建立上海临床医学实验室，在医学检测、临床诊断等领域进行技术研发和服务提供。其次，科技服务企业还可以通过跨国界知识应用，在国外市场上进行科技服务提供，更好地发挥企业知识转移能力和知识应用能力。例如，2019 年汇能科技与法国 NEXSON 公司达成战略合作，通过该公司更好地为法国当地企业提供节能减排技术服务。最后，科技服务企业还可以通过与国外其他科技服务机构合作，通过发挥科技服务链上不同主体的作用助力科技服务企业更好地发挥作用。例如，2014 年华测检测与欧洲最大的致力于低碳和能效技术投资、开发与转移的组织——英国碳信托标准公司合作开展商业低碳政策及减碳排认证服务。之后，华测检测将根据碳信托标准对中国企业进行审计和认证，使更多的中国企业获得碳信托标准的认证，帮助我国企业走向国际市场。

4.5　研究发现

本章采用纵向案例和程序化扎根理论方法对科技服务企业能力体系及其演变规律进行研究。研究结果如下。

从协同共生视角揭示了契合科技服务企业功能作用特征的能力体系构成。由于科技服务企业活动表现出多主体、多环节参与的特点，科技服务链条上涉及大学、科研院所、科技企业和科技服务业协会等众多机构，因此，其能力体系应建立在与外部其他创新主体交互的基础上。现有研究虽对科技服务企业功能作用涉及较多，但对满足科技服务企业功能特征的能力体系构建尚未明晰。本章采用程序化扎根理论方法识别了科技服务企业的能力体系构成，包括跨产业联结能力、产业内耦合能力、全面协同能力和国际联接能力4种能力要素。其中全面协同能力是科技服务企业在全面发展阶段利用科技知识、服务知识和市场知识提供科技服务的能力，是通过与产业内外不同创新主体的协同合作从而构建的一种综合能力，能从社会知识活动系统角度对科技服务企业前期各阶段能力进行融合提升，包括知识创造能力、知识转移能力和知识应用能力。而国际联接能力是指开放经济背景下科技服务企业在全球创新网络中开展技术引进和输出的能力，包括跨国界知识寻求能力和跨国界知识应用能力。本章从社会知识活动系统视角开展科技服务企业能力体系的构建，为下文基于知识资本—能力体系范式研究两者关系提供了理论依据。

明晰了科技服务企业基于不同发展阶段能力体系的动态演变规律。企业能力理论认为，企业内的不同能力存在类型、功能和层级上的差异，企业能力在企业不同的发展阶段需要动态演化，这能够提高企业的竞争优势和塑造竞争力。但就企业不同能力之间如何协同以及如何进行动态演变，在现有的能力理论中并没有得到足够的重视，尤其是对科技服务企业能力体系的相关研究尚须进一步探索。为进一步明晰科技服务企业能力体系的动态演变规律，本章基于科技服务企业在发展过程中对创新链条上“科技活动”与“产业活动”的介入程度的动态演变，把科技服务企业的发展阶段分为单向关联阶段、双向延伸阶段和双向共生阶段3个发展阶段。不同发展阶段中科技服务企业表现出的产业内外共生耦合关系也有较大差异。此外，本章还利用纵向案例的扎根理论方法分析出了科技服务企业能力体系的动态演变规律。具体表现为在单向关联阶段，科技服务企业刚刚进入市场，为了尽快在市场立足，此时科技服务企业往往会选择传统的发展模式作为连接科技与产业“桥梁”作用的发展模式，跨产业联结能力发挥主导作用；在双向延伸阶段，科技服务企业逐步在市场立足后，为进一步提升服务水平，应积极与科技服务链条上的其他前后向主体进行耦合协作，逐步实现科技服务的集成化和综合化，此时产业内耦合能力则发挥主导作用；在双向共生阶段，科技服务企业深度介入“科技创新”和“产业创新”后逐步进入全面发展阶段，此时科技服务企业需要与产业内外各类创新主体建立全面协同关系，进一步优化升级自身能力体系，进而向市场主体提供覆盖创新知识创造、转移和应用的高端化、专业化的全链条科技服务，此时全面协同能力占据主导地位。本章从共生和协同视角开展了科技服务企业能力体系的构建和演变规律研究，凸显了融入外部创新网络实现产业内外全面协同对企业能力提升的重要性，一定程度上拓宽了企业能力理论的研究视角。

4.6 本章小结

为探究科技服务企业能力体系的构成，本章依托企业能力理论和产业共生理论，采用程序化扎根理论方法识别了科技服务企业能力体系的构成维度，构建了符合科技服务企业功能特征的能力体系组合模型，并进一步明晰了其演变规律。具体来说，本章基于文献研究以及具有代表性的案例研究，利用扎根理论方法分析出科技服务企业能力体系构成维度包括跨产业联结能力、产业内耦合能力、全面协同能力和国际联接能力 4 个核心范畴，进而构建了科技服务企业能力体系组合模型。在此基础上，根据产业共生理论把科技服务企业的发展阶段分为单向关联阶段、双向延伸阶段和双向共生阶段 3 个阶段，进而识别出科技服务企业能力体系演变规律。本章从协同共生视角揭示了科技服务企业能力体系构成维度及动态演变特征，从“动态观”视角识别了科技服务企业能力体系的演变过程，一定程度上丰富了企业能力理论，为下文分阶段开展科技服务企业知识资本与能力体系组态分析奠定了基础。本章的研究结论也为科技服务企业基于生命周期打造自身能力体系提供了决策依据。

5 科技服务企业知识资本与能力体系的组态效应研究

对于多数企业而言，知识资本实际上是产生新的产品和服务的主要因素[178]。Chesbrough[2]指出，企业应注重整合内外部知识要素，充分发挥知识资源要素的作用，创造新的价值。企业可以利用由高校、研发机构、金融机构及其他创新主体构成的知识网络进行知识资源创新和整合，同时通过建立良好的知识管理制度进行知识资本的积累，进而提升企业创新能力。但企业创新能力的培育和提升是一个复杂的、系统的过程，大量事实和研究也证明企业能力体系需要根据外部竞争环境和企业内在发展战略进行动态调整。对具有高知识密集性特征的科技服务企业而言，其知识资本与能力体系间绝非单一的线性关系，而是一种多重并发因果关系，这就更需要进一步探索其知识资本在能力体系动态调整过程中的多元组态路径。

因此，本章在前文对科技服务企业知识资本和能力体系分析的基础上，进一步探讨了科技服务企业知识资本与能力体系的组态关系，厘清科技服务企业知识资本在其能力体系动态演变过程中的多重因果关系。首先，本章采用组态分析与案例研究相结合的方法，分析了科技服务企业知识资本和能力体系赋值的依据。在此基础上，对42家科技服务企业进行了问卷调查和变量赋值。利用fsQCA3.0软件构建真值表，计算分析了知识资本影响科技服务企业能力体系的多种组合和路径。其次，根据组态分析的统计结果和具体科技服务企业的实际情况，得出了与科技服务企业能力体系水平相匹配的7种知识资本有效路径组合。最后，详细分析了影响科技服务企业能力体系水平的知识资本组态特征，揭示了科技服务企业知识资本组态中多种因素的作用机制和知识资本影响能力体系的核心要素以及知识资本与能力体系的组态关系和演变规律。

5.1 研究设计

5.1.1 研究方法

本章采用基于模糊集定性比较分析的实证方法，对影响科技服务企业能力体系的知识资本进行组态分析，进而探究知识资本不同维度与能力体系匹配的组态类型。本章之所以不采用传统回归分析方法而是采用定性比较分析法，是因为定性比较分析法以案例研究为导向，是介于定性分析方法和定量分析方法之间的研究方法，以集合论和布尔运算为基础，能够分析多种前因条件的组合和互动如何引致被解释结果出现[223]。

采用定性比较分析法的具体原因如下。其一，传统相关性理论模型基于还原论假设，聚焦于分析个别前因与结果间简单堆成的线性关系，而非多因并发的复杂因果关系[224]，很难处理和分析非线性关系，但定性比较分析法可以基于集合关系来探索多个因素之间复杂的非线性关系。该方法不将单个因素视为独立作用于因变量的自变量，而是关注前因要素与结果变量之间的充分、必要和充分关系，挖掘前因要素组合形成的相似或不相似的类型。通过对现有文献的研究和对相关企业的调查发现，要想揭示知识资本对科技服务企业能力体系的影响机制，仅用传统的统计分析方法对知识资源、知识网络、结构资本等因素的独立或二元交互作用进行分析是远远不够的，因此有必要从整体的角度来探讨多种因素的复杂综合效应。相比之下，常用的定量统计方法并不擅长处理变量之间的相互作用。组态分析的定性比较分析法更适合分析这种复杂的因果关系。该方法有助于本章清晰地识别科技服务企业知识资本与能力体系匹配之间的整体复杂关系。

其二，由于科技服务企业不同发展阶段演进路径的差异，在将知识资本与科技服务企业不同能力体系进行匹配时需要考虑的关键因素以及各因素的影响方向可能有所不同。即使是同一个科技服务企业，在考虑匹配不同级别的能力体系时所关注的前因条件也可能不完全一致。假设某科技服务企业关注要素 B 在能力提升或非能力提升中的作用，且在能力体系提升中存在前置条件 B，则该条件的缺失（记为 ~B）不一定是不能导致其能力提升的架构条件。与传统定量分析方法仅能处理完全对称的相关关系不同，组态分析方法主张因果的非对称性，即导致结果变量高水平的条件构型和低水平的条件构型是不一样的，不能简单运用高水平要素的反面来解释低水平要素[225]。

其三，科技服务企业能力体系演化路径的多样性和殊途同归的演化结果表明，可能存在等价的因果链，即不同的因果路径导致相同的结果。而以变量为导向的统计分析方法主要是发掘单一因果模型，且无法分析和区分导致结果变量的核心或是边缘要素，以及这些要素如何组合影响因变量[226]。值得注意的是，定性比较分析法能够打破传统统计方法“单因素对结果有其各自和独立的影响”这一思想，取而代之的是“并发因果关系”的假设，即以某种方式组合在一起的多个自变量能够以整合的方式解释结果变量[227]。此外，产生特定结果的各种原因的组合并不是唯一的。并且自变量的不同组合可以单独解释某一结果。当一个自变量与一定的条件相结合时，它可能对结果产生积极的影响，而当与其他因素相结合时，它可能产生消极的影响。利用组态分析方法可以探索非恒定的因果关系，更适用于探索科技服务企业知识资本与能力体系之间的匹配关系。

其四，定性比较分析法作为定量研究和定性研究相结合的产物，适用于对中小样本（样本数在10～50）的研究，介于大样本和少数案例分析之间，同时不需要对跨层变量做特殊处理。定性比较分析法基于布尔运算，其结果的稳健性仅取决于样本是否涵盖代表性个体以及研究人员对案例的熟悉程度。另外，组态分析中的构型解释使研究人员能够将案例视为一个整体，而不是简单地将案例的变量叠加在一起。组态分析方法要求研究人员考虑多个前因条件的组合效应，而不是单个因素的单一效应。一般来说，选择3～8个前因条件是合适的。在具体方法上，采用模糊集定性比较分析法可以采用连续值的方式对知识资本与能力体系的组态关系进行分析。

5.1.2　研究样本选择和数据收集

本章选取42家成立5年以上的科技服务企业作为案例研究对象，其中包括了前文中开展知识资本和能力体系研究的10个案例企业，全程追踪了样本企业从单向关联阶段、双向延伸阶段到双向共生阶段的演变历程，涵盖了不同领域的科技服务企业在各发展阶段的多个分析单元，探索科技服务企业知识资本与能力体系的组态关系及演化路径。

研究样本需要满足的条件和筛选的依据：一是案例典型性原则。在样本选择时，主要考虑成立时间较长的企业（一般在10年以上），因为其发展的阶段性较明显，企业发展过程中所涉及的业务较为全面，能充分体现科技服务企业从单向关联阶段、双向延伸阶段到双向共生阶段的不同发展阶段，回顾性数据丰富，便于进行纵向演化分析。二是数据可获得性原则。这42家技术服务企业的公开信息相对丰富，这使研究人员有机会通过现场调研直接了解相关信息，获得第一手资料。本章采用三种渠道收集数据：一是开展访谈调研，利用参与国家软科学重大项目课题的便利和机会，尽最大可能对样本企业开展实地调研。通过访谈调研收集到的样本数量在 80% 以上。实地调研主要包括 3 个方面：一是咨询行业专家。借助行业会议以及关系网络（亲缘关系、朋友关系和企业关系等）对其中 9 家科技服务企业的 15 名中高层主管（须任职 3 年以上）进行访谈并获取相应数据。调研过程中的初次访谈以定性方式为主，设计了半开放式访谈提纲，参见附录 A。二是开展问卷调查。在前期实地访谈基础上，通过对前期访谈收集资料的加工整理，设计了调查问卷，逐步涉及变量编码和赋值等的定量问题，参见附录 B。采用匿名调查法进一步开展了问卷调查，向 42 家样本企业发放问卷 260 份，其中有效问卷 220 份，有效问卷回收率为 84.6%。三是收集二手资料。主要通过样本企业工作总结、大事记等内部信息以及企业网站、新闻报道和相关学术文章等渠道收集二手资料，全面了解掌握 42 家样本企业在不同发展阶段的知识资本和能力体系相关情况（见表 5-1）。

表 5-1　案例企业概况

序号	企业简称	核心业务	业务特点及市场地位	成立时间
1	大连电牵	从事电力牵引与控制领域的核心技术研究、关键产品开发、生产制造组织、市场推广应用及试验检测服务	在列车网络通信及控制系统产品开发、各种功率等级的变流产品开发、电传动系统集成产品开发应用等众多业务领域实现了自主创新突破，全面掌握一系列关键核心技术	2001 年
2	山东华特	生物医药、环保行业新技术的开发与应用服务	以环保、医药为主导，电子信息、新材料等多产业并举，是山东省高校校办的第一家上市公司	2002 年
3	华测检测	实验室检测、校准等专业技术服务	全国性、综合性的独立第三方服务机构，国内检测行业首家上市公司	2003 年
4	浙大网新	科技金融、产业孵化等信息技术咨询服务	通过科技＋金融＋运营的模式为产业发展提供技术、资金、人才等支持性服务	2001 年

续表

序号	企业简称	核心业务	业务特点及市场地位	成立时间
5	昆山工研院	围绕昆山特色产业，开展技术应用研发和公共技术服务活动	围绕小核酸生物医药、机器人及精密装备制造、新一代信息技术等产业方向，开展技术研发和成果转移转化。国家技术转移示范机构、国家中小企业公共服务示范平台、江苏省首批产业技术研究院	2008 年
6	寰球工程	石油化工、新能源等工程技术服务	在大型乙烯、大型 LNG 等十五大类装置上具备工程技术服务能力	1992 年
7	浙江伍一	技术成果展示、推介、技术转让及科技中介服务，技术开发与技术咨询、会展及培训服务	致力于国内外科技成果转移转化，帮助企业技术成果对接，推动浙江科技经济的发展	2014 年
8	易事特	工业节能及电能质量控制系统设计、技术咨询与服务	掌握电子电力核心技术，为全球用户提供互联网信息服务、电力一体化电源系统、智能化系统工程设计、施工、技术咨询与服务等	1989 年
9	汇能科技	企业热力系统、节能系统技术服务	涵盖热能动力系统全环节的服务	1999 年
10	易世达	余热发电技术及装备技术的研发、推广服务	集技术研发、工程设计、设备成套于一身，拥有六项余热发电行业的核心技术	2005 年
11	中冶焦耐（大连）	焦化、制气等工程设计及技术服务	以工程技术为基础，以工程总承包为主业，为国内外业主提供技术咨询、工程设计、项目管理、工程招投标、设备成套、非标准设备研制、工程建设全方位、全过程服务	2009 年

续表

序号	企业简称	核心业务	业务特点及市场地位	成立时间
12	大疆科技	飞行控制及影像系统技术服务、软件技术信息咨询	从飞行控制系统起家，研发稳定高效的航拍飞行平台，并将技术移植到地面增稳设备。广泛应用于遥感测绘、森林防火、搜索及救援、农业植保等领域	2006 年
13	迈瑞医疗	高科技医疗设备研发及技术服务	生命信息与支持、临床检验及试剂、数字超声、放射影像等，提供覆盖全面临床应用及科研需求的解决方案	1991 年
14	泰坦科技	科研试剂、特种化学品、科研仪器及耗材和实验室建设及科研信息化服务	专注于为科研工作者和质量控制人员提供一站式实验室产品与配套服务，整合了全球数百个知名科学服务品牌	2007 年
15	金风科技	清洁能源和节能环保领域技术开发应用、技术咨询、技术服务	大型风力发电机组生产销售及其技术引进与开发、应用，获得“全球最具创新能力企业 50 强”“全球最环保企业 200 强”“全球新能源企业 500 强”“新财富最佳上市公司”“《财富》中国 500 强”等多项荣誉	1998 年
16	浪潮软件	计算机软硬件相关产品的技术服务、测试服务及咨询服务	国内领先的云计算、大数据服务商，业务涉及云计算、大数据、工业互联网、新一代通信等多个应用场景，已向全球 120 多个国家和地区提供 IT 产品和服务	1994 年
17	华大基因	生物技术研发、技术转让与技术咨询服务	依托世界领先的生物信息研发、转化和应用平台，为社会提供研究服务和精准医学检测综合解决方案，已形成“覆盖全国、辐射全球”的网络布局	1999 年
18	天邦公司	从事膜技术的研究与开发工作	建成拥有当前我国性能最先进、品种最齐全的膜技术相关的测试、分析和评价设施的研发基地	2000 年

续表

序号	企业简称	核心业务	业务特点及市场地位	成立时间
19	陕鼓集团	分布式能源及能源互联一体化项目的设计、技术研发、工程总包、建设及运营管理	在全球拥有三十余个运营团队以及陕鼓欧洲研发公司（德国）、陕鼓EKOL公司（捷克）、陕鼓卢森堡公司、陕鼓动力塞尔维亚贝尔格莱德分公司等二十余个海外公司及服务机构	1968年
20	启迪科服	项目孵化和战略投资服务	聚焦在“环保、新能源、大健康、数字经济、新材料”等五大战略性新兴产业配套服务，是首批国家现代服务业示范单位	2014年
21	大连锅检院	压力容器 特种设备、危险化学品容器等检测服务	首批获得国家核准的A级检验检测机构，是锅炉、压力容器、压力管道等承压类设备的检验检测的专门机构，是国家市场监督管理总局核准的气瓶设计文件鉴定机构、国家级气瓶型式试验机构	1978年
22	长春高新	新药开发、技术转让，咨询服务	以科技创新为动力，重点以生物制药和中成药研发生产，生物制药领域具有一定的技术领先地位	1993年
23	百普赛斯	生物药开发过程的蛋白技术，致力于提供靶向治疗药物研发过程中所需的靶点抗原及其他关键试剂和相关服务	产品目录涵盖了从人类到其他常见物种的疾病相关的药物靶点抗原和生物标志物	2010年
24	能辉科技	光伏发电设计、系统集成、智能能源综合技术服务	国内领先的智慧能源综合服务商，专注于以新能源为主体及相关延伸领域的技术服务	2009年
25	信测标准	检测、认证、标准研发等技术服务和解决方案	国内首家商业运营的第三方检测机构，为深交所创业板上市企业	2000年
26	谱尼测试	提供综合性检测、计量校准、验货、评价等专业化一站式技术解决方案	作为中国检测行业持续领跑者，创立于2002年，是由国家科研院所改制而成	2002年

续表

序号	企业简称	核心业务	业务特点及市场地位	成立时间
27	创维数字	数字家庭解决方案与技术服务	围绕新一代信息技术、超高清视频产业、汽车智能电子、工业互联网、互联网 + 运营等战略性新兴产业进行布局，是行业内具有一定全球影响力的知名品牌	2001 年
28	北方华创	半导体基础产品技术开发、转让、咨询服务	半导体装备、真空及锂电装备、精密元器件业务，为半导体、新能源、新材料等领域提供解决方案，是目前国内集成电路高端工艺装备的先进企业	2001 年
29	三维工程	化工石化技术和产品研发、工程技术服务	集化工石化技术和产品研发、工程技术服务、催化剂及基础化工原材料生产销售于一体、“科技 + 工程 + 实业”互驱联动发展的科技型特色化学集团公司	1999 年
30	亿纬锂能	高质量锂电池核心技术研发及技术服务	提供消费电池和动力电池核心技术和全面解决方案，产品广泛应用于物联网、能源互联网领域。2022 年亿纬锂能储能电池出货量位列全球前三	2001 年
31	三联虹普	工艺技术开发、工程方案提供、主工艺设备制造及技术服务	业务主要聚焦合成纤维及其原材料生产技术和装备领域，是世界一流的聚酰胺新材料工程技术服务公司	1999 年
32	苏州电科院	各类高低压电器元件、成套开关设备、风电设备、核电设备检验检测及技术服务	国内输变电能源装备领域检测条件最完备、检测能力最强、检测规模最大的独立第三方认证、检测机构	1997 年
33	南网能源	节能减排技术研发和推广、能源解决方案技术服务	构建了覆盖节能设计、改造、服务等综合节能服务体系，全国领先的工业节能、建筑节能、城市照明节能投资运营服务商	2010 年

续表

序号	企业简称	核心业务	业务特点及市场地位	成立时间
34	广电计量	计量、检测、认证以及技术咨询与培训等专业技术服务	全国化、综合性的国有第三方计量检测机构，多个领域的技术能力及业务规模处于国内领先水平	1964 年
35	睿智医药	生物药、化学药一站式医药研发及生产外包服务与微生态营养制剂开发、微生态健康管理解决方案提供商	国内乃至世界领先的一站式医药研发服务及生产平台，国内领先的微生态营养制剂开发一站式平台及领先的微生态医疗技术解决方案	2000 年
36	安泰科技	能源材料技术服务	以先进金属材料技术服务为主业，服务于战略性新兴产业公司，是首批国家认定企业技术中心	1998 年
37	山大地纬	区块链技术服务	国家规划布局内重点软件企业、中国区块链企业百强、人工智能企业百强、山东省人工智能领军企业、大数据骨干企业。2020 年 7 月 17 日登陆科创板	1992 年
38	诚迈科技	移动设备及互联网行业软件研发及咨询服务	在移动设备软件服务、移动互联网服务及核心移动技术研发服务等方面均位于世界前列	2006 年
39	汇顶科技	半导体软硬件技术开发、技术服务	面向智能终端、物联网及汽车电子领域提供领先的半导体软硬件解决方案，是一家基于芯片设计和软件开发的整体应用解决方案提供商。企业技术中心入选“2021 年（第 28 批）新认定国家企业技术中心名单”	2002 年
40	智光电气	电器控制与自动化领域技术研发及技术服务	主要从事电网安全与控制设备、电机控制与节能设备、供用电控制与自动化设备及电力信息化系统研发、设计，该企业技术中心具有国家企业技术中心资格	1999 年

续表

序号	企业简称	核心业务	业务特点及市场地位	成立时间
41	力合科创	科技成果转化、科技企业孵化	深圳清华大学研究院控股的以科技成果转化、科技企业孵化为主业的高科技企业和 A 股上市公司	1984 年
42	生益科技	电子电路基材设计、技术咨询、技术服务	业务范围包括电子电路基材核心的研发、生产、销售、服务。早在 2011 年由科学技术部批准组建“国家电子电路基材工程技术研究中心”，并于同年获得“国家认定企业技术中心”之荣誉	1985 年

5.2　变量赋值

数据是模糊集定性比较分析法的编码依据，需要根据样本数据对模糊集变量进行赋值。Ragin[228] 指出，模糊集定性比较分析的赋值方法可以由研究者根据案例数据自行决定。

5.2.1　知识资本变量赋值依据

前文第三章分析了科技服务企业知识资本的结构和内涵，研究表明：科技服务企业知识资本由科技知识资源（以下简称 TKS）、服务知识资源（以下简称 SKS）、市场知识资源（以下简称 MKS）、内部知识网络（以下简称 IKN）、外部知识网络（以下简称 OKN）、知识管理制度（以下简称 KMI）和组织学习氛围（以下简称 OSE）构成。以这 7 种知识资本构成维度为条件变量，参考第三章扎根理论所得相关的范畴，提出科技服务企业知识资本的模糊集定性比较分析赋值依据，如表 5-2 所示。

表 5-2　科技服务企业知识资本的模糊集定性比较分析赋值依据

构念	赋值维度	赋值依据
知识资源	科技知识资源	技术创新源头；研发人才规模和质量；突破性技术创新
	服务知识资源	科技服务共享资源；科技服务配套；科技服务产业集聚
	市场知识资源	市场客户资源，产业技术联盟；技术转移转化水平
知识网络	内部知识网络	组织内部学习；协同项目管理；组建企业大学

续表

构念	赋值维度	赋值依据
知识网络	外部知识网络	知识跨组织寻求；国际合作深度；组建产学研联盟
结构资本	知识管理制度	知识存量积累；探查知识缺口；知识库管理
	组织学习氛围	重视组织学习；建设知识型组织

（1）科技知识资源变量赋值

科技知识资源作为研究开发类服务企业的主导知识，包括基础科学知识、技术科学知识和工程技术知识等。为更好地服务市场主体，科技服务企业迫切需要掌握领域内的头部技术，实现自身竞争力的提升。一方面，科技服务企业往往会采取与高校和科研院所等技术创新源头合作的方式，通过联合研发来实现技术知识的创造及商业化应用。另一方面，企业研发人员基于现有技术知识资源开展创造性基础研究和应用研究，实现自身技术知识的逐步扩展。因此，本研究从与技术创新源头的紧密合作、研发人才规模和质量以及领域内突破性技术掌握 3 个方面衡量科技知识资源的强弱。具体赋值标准见表 5-3。同时由于四值法能够详细反映样本数据间的差距，所以本章采用经典的四值法（0、0.33、0.67、1）进行变量赋值，其中“0”代表完全不隶属，“0.33”代表偏不隶属，“0.67”代表偏隶属，“1”代表完全隶属。具体赋值标准见表 5-3.

表 5-3　科技知识资源的模糊集定性比较分析赋值标准

赋值标准	分值
企业与作为技术创新源头的高校院所具有非常紧密的合作，研发人才规模和质量在行业内具有领先地位，掌握很多领域内突破性技术	1.00
企业与作为技术创新源头的高校院所具有比较紧密的合作，研发人才规模和质量在行业内具有较为领先地位，掌握比较多领域内突破性技术	0.67
企业与作为技术创新源头的高校院所具有较少紧密的合作，研发人才规模和质量在行业内地位一般，掌握较少领域内突破性技术	0.33
企业与作为技术创新源头的高校院所几乎没有合作，研发人才规模和质量在行业内地位较低，不掌握领域内突破性技术	0

（2）服务知识资源变量赋值

服务知识资源作为检验检测认证、知识产权和科技咨询等平台类科技服务企业的主导知识，包括信息服务知识、产权服务知识和关系服务知识等。这就需要科技服务企业主动与科技服务链上的其他主体建立协同合作，通过建立产业集群或结成服务联盟，尽可能地掌握科技服务共享资源，进而为技术商业化和产业化提供综合配套服务。因此，可以通过考察科技服务共享资源的掌握、与其他科技服务企业的协同来衡量服务知识资源的强弱。具体赋值标准见表 5-4。

表 5-4　服务知识资源的模糊集定性比较分析赋值标准

赋值标准	分值
企业具有非常多的科技服务共享资源，与其他科技服务企业保持非常密切的关联和合作，能非常好地利用产业集聚实现服务链多主体协同	1.00
企业具有较多的科技服务共享资源，与其他科技服务企业保持较为密切的关联和合作，能较好地利用产业集聚实现服务链多主体协同	0.67
企业具有较少的科技服务共享资源，与其他科技服务企业关联和合作程度一般，不太能利用产业集聚实现服务链多主体协同	0.33
企业几乎没有科技服务共享资源，几乎没有与其他科技服务企业保持关联和合作，几乎无法利用产业集聚实现服务链多主体协同	0

（3）市场知识资源变量赋值

市场知识资源作为技术转移、科技孵化类科技服务企业的主导知识，包括产品知识、工艺知识、设备知识和运营知识等。为更好地实现技术与市场的对接，科技服务企业需要与顾客、竞争对手和供应商等机构建立广泛的连接，通过与产业服务对象进行高频度互动，建立产业技术联盟，构建科技服务链与产业链的知识关联，确保科技服务的提供符合产业市场需要。因此，可以通过考察市场客户资源的数量、产业技术联盟内的影响力以及对市场主体科技服务需求的识别 3 个方面来衡量市场知识资源的强弱。具体赋值标准见表 5-5。

表 5-5　市场知识资源的模糊集定性比较分析赋值标准

赋值标准	分值
企业具有非常多的市场客户资源，与市场主体建立的产业技术联盟在领域内具有非常大的影响力，对市场主体的科技服务需求具有非常强的把握	1.00
企业具有较多的市场客户资源，与市场主体建立的产业技术联盟在领域内具有较大的影响力，对市场主体的科技服务需求具有较强的把握	0.67
企业具有较少的市场客户资源，与市场主体建立的产业技术联盟在领域内影响力一般，对市场主体的科技服务需求把握一般	0.33
企业具有非常少的市场客户资源，没有与市场主体建立任何产业技术联盟，对市场主体的科技服务需求的把握较弱	0

（4）内部知识网络变量赋值

内部知识网络是建立在科技服务企业内部不同业务单元之间的知识网络。科技服务企业首先通过建立知识库实现知识资源在组织内部知识网络中快速流动，其次发挥不同业务单元间的协同，实现知识资源在内部知识网络中的高效传递，最后通过内部培训和非正式交流等方式，提高员工参与知识学习的积极性来促进知识流动，最终实现组织内部知识库的扩充和完善。因此，可以通过考察专业知识库建设、部门间业务协同机制以及发挥培训功能的企业大学组建 3 个方面来衡量内部知识网络的强弱。具体赋值标准见表 5-6。

表 5-6　内部知识网络的模糊集定性比较分析赋值标准

赋值标准	分值
企业建有非常好的专业知识库以供组织内部学习，各部门之间通过业务协同机制非常好地开展工作，企业组建有企业大学，并能发挥很好的作用	1.00
企业建有较好的专业知识库以供组织内部学习，各部门之间通过业务协同机制较好地开展工作，企业组建有企业大学，并能发挥较好的作用	0.67
供组织内部学习企业专业知识库建设一般，各部门之间较少通过业务协同机制开展工作，企业组建有企业大学，发挥作用一般	0.33
企业几乎没有专业知识库以供组织内部学习，各部门之间几乎无法通过业务协同机制开展工作，企业还没有组建企业大学	0

（5）外部知识网络变量赋值

外部知识网络是科技服务企业与创新链条上不同主体合作构成的网络结构。知识专业化导致科技服务企业必须通过外部知识网络不断搜寻和发现服务提供过程中所需的知识资源。同时在企业开展跨组织知识搜寻过程中，为了降低交易成本，多数科技服务企业会与其他创新主体建立不同类型的合作联盟，以便于知识搜寻的顺利开展。此外，在经济开放背景下，越来越多的科技服务企业开始与境外创新主体建立紧密合作，实现科技服务的引进和输出。因此，对外部知识网络的衡量可以从跨组织知识寻求、组建产学研联盟和境外创新主体合作 3 个方面来考察。具体赋值标准见表 5-7。

表 5-7　外部知识网络的模糊集定性比较分析赋值标准

赋值标准	分值
企业能非常好地通过跨组织知识寻求机制扩展自身知识库，与境外主体国际合作程度很高，与其他创新主体组建产学研联盟，并能很好地发挥作用	1.00
企业能较好地通过跨组织知识寻求机制扩展自身知识库，与境外主体国际合作程度较高，与其他创新主体组建产学研联盟，并能较好地发挥作用	0.67
企业可以通过跨组织知识寻求机制扩展自身知识库，与境外主体国际合作程度一般，与其他创新主体组建产学研联盟，发挥作用一般	0.33
企业不能通过跨组织知识寻求机制扩展自身知识库，没有与境外主体国际合作，还没有与其他创新主体组建产学研联盟	0

（6）知识管理制度变量赋值

良好的知识管理制度可以鼓励员工开展知识创造和共享，进而实现科技服务企业知识资源的沉淀。这需要科技服务企业持续开展知识缺口探查，不断实现知识资源累积。因此，可以通过考察知识存量积累机制、知识库管理制度等方面来衡量知识管理制度的优劣。具体赋值标准见表 5-8。

表 5-8　知识管理制度的模糊集定性比较分析赋值标准

赋值标准	分值
企业具有非常好的知识存量积累机制，能及时地开展知识缺口探查，建立有良好的知识库管理制度	1.00
企业具有较好的知识存量积累机制，能较为及时地开展知识缺口探查，建立有较好的知识库管理制度	0.67
企业具有的知识存量积累机制较为一般，能不定期地开展知识缺口探查，建立有知识库管理制度，发挥作用一般	0.33
企业没有知识存量积累机制，不能定期开展知识缺口探查，没有建立知识库管理制度	0

（7）组织学习氛围变量赋值

组织学习氛围是员工对组织知识管理制度和程序的重视程度以及有效引发学习行为的共同认知。科技服务企业需要通过打造知识型组织，激发员工通过持续学习实现企业的知识积累和知识资源的更新，从而提升其关键服务能力。因此，可以通过考察组织学习重视程度和知识型组织建设两个方面来衡量组织学习氛围的强弱。具体赋值标准见表 5-9。

表 5-9　组织学习氛围的模糊集定性比较分析赋值标准

赋值标准	分值
企业非常重视组织学习，知识型组织建设成效显著	1.00
企业较为重视组织学习，知识型组织建设成效较好	0.67
企业对组织学习重视一般，知识型组织建设成效一般	0.33
企业对组织学习不重视，知识型组织建设缓慢	0

5.2.2　能力体系变量赋值依据

前文第四章研究了科技服务企业能力体系的结构和内涵，研究表明：科技服务企业能力体系是由跨产业联结能力、产业内耦合能力、全面协同能力和国际联接能力构成。此外，前文也识别了科技服务企业发展的不同阶段能力体系的演化规律，具体表现为在单向关联阶段，跨产业联结能力是其主导能力，产业内耦合能力和国际联接能力作为辅助；在双向延伸阶段，产业内耦合能力是其主导能力，跨产业联结能力和国际联接能力作为辅助；在双向共生阶段，全面协同能力则为其主导能力，国际联接能力发挥辅助作用。参考第四章扎根理论研究方法所得相关的范畴，提出科技服务企业能力体系的模糊集定性比较分析赋值依据，如表5-10 所示。

表 5-10　科技服务企业能力体系的模糊集定性比较分析赋值依据

赋值项目	发展阶段	赋值依据
能力体系	单向关联阶段	以跨产业联结能力为主导，产业内耦合能力和国际联接能力适时发挥辅助作用
	双向延伸阶段	以产业内耦合能力为主导，跨产业联结能力和国际联接能力适时发挥辅助作用
	双向共生阶段	以全面协同能力为主导，国际联接能力适时发挥辅助作用

为详细分析科技服务企业在各阶段的能力体系，采取对每个变量独立打分的方法进行评估。研究者基于实地观察、访谈、案例企业资料和调查问卷的量化打分数据来对各原因变量进行打分。科技服务企业各发展阶段的能力采用加权赋值，赋值范围在 0～10 之间，其中 0 代表最弱，10 代表最强。各阶段的辅助能力得分按照其具体能力赋值的 1/2 计算。主导能力和辅助能力得分加总，即为各阶段科技服务企业的能力体系赋值（以下简称 CSL）。

（1）跨产业联结能力变量赋值

跨产业联结能力是科技服务企业利用科技知识和市场知识进行科技服务提供的能力，包括知识嫁接能力和市场对接能力。科技服务企业一方面可以充分利用知识嫁接能力与作为科技知识创新源头的高校、科研院所进行深入合作，实现科技知识的吸收与推广，另一方面通过利用市场对接能力，积极与服务对象高频次联结，实现市场知识的逐步积累，进而实现科技知识的推广与应用。因此，可以通过考察核心技术研发能力、知识消化吸收能力、科技成果推广和应用能力、市场需求对接能力、客户需求识别能力、产业和国家政策挖掘能力6个方面来衡量跨产业联结能力的强弱。具体赋值标准见表5-11。

表5-11　跨产业联结能力的模糊集定性比较分析赋值标准

赋值标准	分值
企业具有非常强的核心技术研发能力	2.00
企业具有非常强的知识消化吸收能力	2.00
企业具有非常强的研究成果推广和应用能力	2.00
企业具有非常强的市场需求对接能力	2.00
企业具有非常强的客户需求差异化识别能力	1.00
企业具有非常强的行业变化和国家政策挖掘能力	1.00

注：最终得分根据调查问卷的量化打分对每个指标进行加权赋值，总分不超过10分。

（2）产业内耦合能力变量赋值

产业内耦合能力是科技服务企业对服务链不同主体的整合能力，包括产业内前向耦合能力和产业内后向耦合能力。在对外提供科技服务的过程中，科技服务企业往往需要研发、咨询、金融以及技术熟化等方面的综合服务，这就要求科技服务链内部能够在一定程度上形成产业集群或结成服务联盟，通过构建科技服务资源共享平台把服务知识关联起来，进而实现技术商业化和产业化。因此，可以通过考察合作研发能力、跨部门知识共享能力、创新创业孵化能力、合作式服务创新能力、技术适应性改进能力以及用户需求关联能力6个方面来衡量产业内耦合能力的强弱。具体赋值标准见表5-12。

表5-12　产业内耦合能力的模糊集定性比较分析赋值标准

赋值标准	分值
企业具有非常强的合作研发能力	2.00

续表

赋值标准	分值
企业具有非常强的跨部门知识共享能力	2.00
企业具有非常强的创新创业孵化能力	1.00
企业具有非常强的合作式服务创新能力	2.00
企业具有非常强的技术适应性改进能力	1.00
企业具有非常强的用户需求关联能力	2.00

注：最终得分根据调查问卷的量化打分对每个指标进行加权赋值，总分不超过 10 分。

（3）全面协同能力变量赋值

全面协同能力是科技服务企业利用科技知识、服务知识和市场知识进行科技服务提供的能力，包括知识创造能力、知识转移能力和知识应用能力。通过前文分析，知识创造能力与知识库扩充能力、组织学习能力和科研人员水平有关；知识转移能力与产学研协作能力、技术咨询能力和技术熟化能力有关；知识应用能力与技术商业化能力和技术产业化能力有关。因此，可以通过考察组织学习能力、知识库扩充能力、产学研协作能力、技术咨询能力、技术熟化能力、技术商业化能力和技术产业化能力 7 个方面来衡量全面协同能力的强弱。具体赋值标准见表 5-13。

表 5-13　全面协同能力的模糊集定性比较分析赋值标准

赋值标准	分值
企业具有非常强的组织学习能力	2.00
企业具有非常强的知识库扩充能力	1.00
企业具有非常强的产学研协作能力	2.00
企业具有非常强的技术咨询能力	1.00
企业具有非常强的技术熟化能力	1.00
企业具有非常强的技术商业化能力	2.00
企业具有非常强的技术产业化能力	1.00

注：最终得分根据调查问卷的量化打分对每个指标进行加权赋值，总分不超过 10 分。

（4）国际联接能力变量赋值

国际联接能力是指科技服务企业在全球创新网络中开展技术引进和输出的能力，包括跨国界知识寻求能力和跨国界知识应用能力。因此，可以通过考察跨境技术引进能力、跨境知识资源对接能力、跨国技术合作能力和跨境技术输出能力四个方面来衡量组织学习氛围的强弱。具体赋值标准见表5-14。

表5-14 国际联接能力的模糊集定性比较分析赋值标准

赋值标准	分值
企业具有非常强的跨境技术引进能力	2.50
企业具有非常强的跨境知识资源对接能力	2.50
企业具有非常强的跨境技术合作能力	2.50
企业具有非常强的跨境技术输出能力	2.50

注：最终得分根据调查问卷的量化打分对每个指标进行加权赋值，总分不超过10分。

5.2.3 变量赋值过程

首先组成3人的研究小组，对样本企业的变量进行赋值。其次由研究小组对从各种来源收集到的数据进行交叉验证并赋值，其中尤其以各样本企业反馈的调查问卷中的量化打分为基准。变量赋值过程中，研究者采用背靠背的方式独立赋值，并至少征求2～3位同行的意见，每个变量赋值数据必须由至少两名研究人员完成。如赋值结果不一致，重复上述过程，再次进行独立赋值。如果结果仍然不同，则根据数据资料进行讨论和分析，最终得出一致的赋值结果。

5.2.4 样本赋值结果

采用上述变量赋值过程对42家企业样本分阶段进行逐一赋值，结果如表5-15、表5-16和表5-17所示。

表5-15 单向关联阶段样本企业赋值结果

案例编号	TKS	SKS	MKS	IKN	OKN	KMI	OSE	CSL
1	0.67	0	0.67	0.67	0.33	0.33	0.33	16
2	0.67	0	0.33	0.67	0.67	0.33	0	15
3	0	0.33	0.67	0	0.33	0.33	0	8
4	0.67	0.33	0.67	0.33	0	0.33	0.33	10
5	0.33	0.33	0.67	0	0.67	0.33	0	15
6	0	0	0.67	0	0.33	0	0.33	13
7	0.33	0.33	0.67	0	0	0	0.67	7
8	0.33	0.33	0.67	0.33	0.33	0.33	0.67	8

续表

案例编号	TKS	SKS	MKS	IKN	OKN	KMI	OSE	CSL
9	0.67	0.33	0.33	0	0.67	0	0.67	12
10	0.33	0.33	0.67	0.33	0.67	0.33	0.67	12
11	0.67	0.33	0.67	0.33	0.67	0.67	0.33	10
12	0.67	0	0.33	0.33	0.67	0.33	0.67	12
13	0.33	0.67	0.33	0.33	0.33	0	0.33	10
14	0.33	0	0.67	0.33	0.67	0.33	0.33	15
15	0	0.33	0.33	0.33	0.33	0.33	0.67	9
16	0.33	0.33	0.67	0.33	0.33	0	0.67	14
17	0.67	0.33	0.33	0	0.67	0	0.33	12
18	0.67	0.33	0.33	0.33	0.67	0.33	0.67	18
19	0.33	0.33	0.67	0	0.33	0	0.67	15
20	0.33	0.67	0.33	0.33	0.67	0.33	0.33	5
21	0.33	0.67	0.33	0.33	0.67	0.67	0.33	6
22	0.67	0.33	0.33	0	0.33	0	0.33	4
23	0.67	0.33	0.33	0	0	0	0.67	5
24	0.67	0.33	0.33	0	0.33	0	0.67	6
25	0.33	0.67	0.33	0	0.67	0.33	0.67	5
26	0.33	0.67	0.33	0.33	0.33	0.33	0.67	12
27	0.33	0.33	0.33	0	0.67	0.67	0.67	10
28	0.67	0.33	0.33	0	0.67	0.33	0.67	15
29	0.33	0	0.67	0	0.67	0.33	0.67	12
30	0.67	0.33	0.33	0	0.67	0	0.33	12
31	0.33	0.33	0.33	0.33	0.33	0.33	0.67	13
32	0.67	0.33	0.33	0	0	0.33	0.33	7
33	0.67	0.33	0.33	0	0	0	0.67	9
34	0.67	0.33	0.33	0	0.33	0.33	0.67	11
35	0.67	0.33	0.33	0	0.33	0	0.67	11
36	0.33	0.67	0.33	0.33	0.67	0.33	0.33	5
37	0.33	0.67	0.33	0.33	0.67	0.67	0.33	6
38	0.67	0.33	0.33	0	0.67	0	0.67	12
39	0.67	0.33	0.33	0.33	0.33	0.33	0	13

续表

案例编号	TKS	SKS	MKS	IKN	OKN	KMI	OSE	CSL
40	0.33	0	0.67	0	0	0.33	0	7
41	0.67	0.33	0.33	0	0	0	0	9
42	0.67	0.33	0.33	0	0.33	0.33	0	11

表 5-16 双向延伸阶段样本企业赋值结果

案例编号	TKS	SKS	MKS	IKN	OKN	KMI	OSE	CSL
1	1	0.67	0.33	0.67	0.67	0.67	1	17
2	0.67	0.67	0.33	0.67	0.67	0.33	0.67	13
3	0.33	1	0.67	0.33	0.67	0.33	0.67	15
4	0.33	1	0.67	0.67	0.67	0.67	0.67	13
5	0.33	0.67	1	0.33	1	0.67	0.33	14
6	0.33	0.67	1	0.33	0.67	0.67	1	15
7	0.33	1	0.67	0.33	0.67	0.67	0.33	10
8	0.67	0.67	0.67	0.67	0.67	0.33	1	12
9	0.33	0.67	0.67	0.67	0.67	0.33	0.67	10
10	0.33	0.67	0.67	0.67	0.67	0.33	0.67	9
11	0.33	0.67	1	0.67	0.67	0.33	0.67	10
12	1	0.67	0.67	0.67	0.67	0.33	1	14
13	0.67	1	0.67	0.67	0.67	0.33	0.67	14
14	0.67	0.67	0.67	0.67	0.67	0.33	0.67	15
15	0.33	0.67	0.67	0.33	0.33	0	0.33	8
16	0.67	0.67	1	0.67	0.67	0.33	0.67	13
17	1	0.67	0.67	0.67	1	0.33	0.67	15
18	0.67	0.67	0.67	0.67	0.67	0.33	0.33	12
19	0.67	0.67	0.67	0.67	0.67	0.33	1	13
20	0.67	1	0.67	0.67	1	0.33	0.67	10
21	0.33	0.67	0.67	0	0.67	0.67	0	8
22	0.33	0.67	0.33	0	0.67	0	0.67	8
23	0.33	0.67	0.67	0	0.33	0.33	0.67	7
24	0.33	0.67	0.33	0	0.67	0	0.67	8
25	0.33	0.67	0.67	0	1	0.67	0	7

续表

案例编号	TKS	SKS	MKS	IKN	OKN	KMI	OSE	CSL
26	0.33	0.67	0.67	0.33	0.67	0.33	0.33	10
27	0.33	0.67	0.67	0.33	0.67	0.33	0.67	14
28	0.33	0.67	0.67	0.33	0.67	0.33	0.33	9
29	0.67	0.67	0.67	0.33	0.33	0.33	0.33	10
30	0.67	0.67	0.33	0.33	0.67	0.33	0.33	10
31	0.67	0.67	0.67	0.67	0.67	0.33	0.67	12
32	0.67	0.67	1	0.67	0.67	0.67	0.67	12
33	0.67	0.67	0.67	0.67	0.67	0.67	1	14
34	0.33	0.67	0.67	0.33	0.67	0.67	0.33	13
35	0.67	0.33	0.33	0	0.67	0	0.67	8
36	1	0.67	0.33	0.67	0.67	0.67	0.67	15
37	0.33	0.33	0.67	0	0.67	0.67	0	6
38	0.33	0.67	0.67	0.33	0.67	0.67	0.33	12
39	0.33	0.67	0.67	0.33	0.67	0.67	0.33	12
40	0.67	0.67	0.33	0	0.33	0	0.67	9
41	0.33	1	0.67	0.33	1	1	0.33	15
42	0.33	0.67	0.67	0.33	0.67	0.67	0.33	10

表 5-17　双向共生阶段样本企业赋值结果

案例编号	TKS	SKS	MKS	IKN	OKN	KMI	OSE	CSL
1	1	0.67	0.67	0.67	0.67	0.67	1	13
2	1	0.67	0.67	0.67	0.67	0.33	0.67	11
3	0.33	1	0.67	1	0.67	0.67	0.67	11
4	0.33	0.67	0.33	0.67	0.67	0.33	0.67	9
5	0.33	1	1	1	1	0.67	0.67	11
6	0.67	1	0.67	1	1	0.67	1	13
7	0.33	0.67	0.33	0.67	0.67	0.33	0.33	7
8	0.67	0.33	0.33	0.67	0.67	0.33	0.67	8
9	0.33	0.33	0.33	0.67	0.67	0	0.67	6
10	0.33	0.33	0.33	0.67	0.67	0	0.67	5
11	0.33	0.33	0.33	0.67	0.67	0	0.67	5

续表

案例编号	TKS	SKS	MKS	IKN	OKN	KMI	OSE	CSL
12	1	0.67	0.67	1	0.67	0.67	0.67	11
13	1	0.67	0.67	1	1	1	1	14
14	1	0.33	0.67	0.67	0.67	0.67	0.67	11
15	1	0.67	0.67	0.67	0.67	0.67	0.67	12
16	0.67	0.67	0.67	1	0.67	0.33	1	12
17	1	0.67	0.67	0.67	1	0.67	1	11
18	0.67	0.67	0.67	1	0.67	0.33	0.33	10
19	1	0.67	1	1	0.67	0.67	1	13
20	0.67	1	0.33	0.67	0.67	0.33	0.67	10
21	0.33	0.67	0.33	0.67	0.33	0	0.33	7
22	1	0.67	0.67	1	0.67	0.67	0.67	12
23	1	0.67	0.33	1	0.67	0.33	0.67	11
24	0.33	0.67	0.33	0.33	0.67	0.33	0.67	8
25	0.33	0.67	0.33	0.67	0.67	0.33	0.33	9
26	0.33	0.67	0.33	0.67	0.67	0.33	0.33	9
27	0.33	0.67	0.33	1	0.67	0.67	0.33	10
28	0.33	1	0.33	0.67	0.67	0.67	0.33	10
29	0.67	0.67	0.33	1	0.67	0.67	0.67	11
30	0.33	0.67	0.33	0.67	0.67	0.67	0.33	9
31	0.33	0.67	0.67	1	0.67	0.33	0.33	11
32	0.33	0.67	0.67	1	0.33	0.33	0.33	10
33	0.33	0.67	0.67	1	0.33	0.33	0.67	10
34	0.33	0.67	0.67	1	0.67	0.33	0.67	11
35	1	0.67	0.67	0.67	0.67	0.33	0.67	12
36	0.33	0.67	0.67	0.67	0.67	0.33	0.67	8
37	0.33	0.67	0.33	0.67	0.67	0.67	0.33	8
38	0.33	0.67	0.33	0.67	0.67	0.67	0.33	9
39	0.33	0.67	0.33	0.67	0.67	0	0.33	5
40	0.33	0.67	0.67	0.67	0.33	0.33	0.67	8
41	0.67	1	0.67	1	0.67	0.67	0.67	13
42	0.33	0.67	0.67	0.67	0.67	0.33	0.33	8

5.3 分阶段的组态分析

先运用 Charles C. Ragin 开发的 fsQCA3.0 软件构建真值表，然后分阶段对得出的每种知识资本要素组合与能力体系层级组态关系进行分析。杜运周等[229]指出，当动态演化周期较长或呈阶段性变化时，将整个研究周期划分为几个较短的周期是必要的，也是有意义的。因为，分阶段的组态分析可以挖掘导致某个结果的组态如何在多时段间发生变化，以探求稳定或变化的原因。

5.3.1 单向关联阶段的组态分析

（1）临界值设定

运用 fsQCA3.0 软件进行数据处理之前，需要研究者根据相关标准对指标值进行调整，从而使结果具有可解释性。[288]未校准的数据只能表明案例之间的相对位置，而无法了解数据的真实属性。模糊集定性分析方法则根据理论概念设定目标集合，并依据恰当的外部标准对隶属度进行校准来克服该问题。研究利用 fsQCA3.0 软件自带的 calibrate 函数，将连续值数据转换为对应的集合从属值。转换公式为 CSL=calibrate(CSL, n_1, n_2, n_3)。其中 n_1（完全从属于集合的临界值）、n_2（交互临界值）、n_3（完全不属于集合的临界值）为赋值时设定的 3 个临界值。参照相关研究[230]以及本阶段科技服务企业能力赋值的实际[231]，临界值分别设定为 90%、中位数和 10%。根据单向关联阶段的数据，计算获得该阶段科技服务企业能力体系的 3 个临界值，如表 5-18 所示。

表 5-18 单向关联阶段科技服务企业能力体系赋值的临界值

模型	临界值		
	n_3	n_2	n_1
CSL	5	11	15

（2）必要条件分析

必要条件分析用于检验前因条件和其反面条件是否都是结果变量的子集，即一致性值介于 0～1，1 代表该变量是必要条件，0 代表不是充分条件。以科技服务企业能力体系作为结果变量，对 7 个知识资本要素（条件变量）在单向关联阶段的赋值进行必要性检验，结果如表 5-19 所示。必要条件检测结果表明，7 个知识资本要素的一致性值均介于 0～1，说明单一知识资本要素并不能完全解释结果变量，须进行条件组合分析。

表 5-19　单向关联阶段单一条件必要性检测结果

必要条件		
结果变量：CSL		
条件变量	一致性值	覆盖度
TKS	0.672 347	0.690 155
~TKS	0.676 241	0.631 651
SKS	0.431 840	0.636 755
~SKS	0.895 813	0.655 504
MKS	0.652 385	0.719 656
~MKS	0.726 874	0.638 580
IKN	0.276 534	0.817 266
~IKN	0.881 694	0.516 691
OKN	0.656 280	0.748 473
~OKN	0.660 662	0.565 652
KMI	0.335 443	0.670 886
~KMI	0.893 379	0.578 317
OSE	0.624 148	0.685 928
~OSE	0.697 663	0.614 758

注：符号“~”代表逻辑“非”。

（3）中间解和简洁解结果

利用 fsQCA3.0 软件运行真值表算法。由于研究样本数量不多且熟悉度较高，所以设定 1 为频率值，0.813 528 为一致性阈值。通过标准分析程序产生 3 个解：复杂解、简洁解以及中间解。复杂解不使用逻辑余项，拒绝违背任何案例事实；简洁解使用所有逻辑余项，存在违背事实的风险；中间解介于二者之间，因为它既符合案例企业实际的组态，又可以使用包括了一定理论支持的逻辑余项来简化结果[232]。以“能力体系”为结果变量，知识资本要素在单向关联阶段的组态分析中中间解结果如表 5-20 所示。

表 5-20　单向关联阶段中间解的统计结果

模型：CSL = f(TKS，SKS，MKS，IKN，OKN，KMI，OSE)			
算法：奎因 - 麦克拉斯基算法			
中间解			
频率值：1 一致性阈值：0.813 528			
	原始覆盖度	唯一覆盖度	一致性值
TKS*~SKS*~MKS*~IKN*OKN*~KMI	0.530 672	0.115 872	0.842 349
~TKS*SKS*MKS*~IKN*OKN*~KMI	0.518 987	0.104 187	0.825 717
TKS*~SKS*MKS*IKN*~OKN*~KMI*~OSE	0.246 835	0.032 619 2	0.807 325
总体覆盖度：0.667 478			
总体一致性：0.859 023			

同时还需要指出，充分条件分析中，组态分析的每个中间解都必须包含简洁解的前因条件，这些条件在区分结果的一致子集和不产生结果的子集时发挥决定性作用。因此，在中间解和简洁解中都出现的前因条件是核心条件，而仅在中间解中出现而不在简洁解中出现的其他前因条件是边缘条件。一般而言，核心条件是导致结果的决定性前置因素，而边缘条件则是对形成特定结果具有一定辅助性作用的前置因素[273]。其简洁解结果如表 5-21 所示。

表 5-21　单向关联阶段简洁解的统计结果

模型：CSL = f(TKS，SKS，MKS，IKN，OKN，KMI，OSE)			
算法：奎因 - 麦克拉斯基算法			
简洁解			
频率值：1 一致性阈值：0.801 512			
	原始覆盖度	唯一覆盖度	一致性值
~SKS*~IKN*OKN*~KMI	0.634 859	0.407 498	0.852 845
IKN*~OKN	0.259 98	0.207 465	0.807 867
MKS*IKN	0.259 98	0.207 465	0.807 867
总体覆盖度：0.667 478			
总体一致性：0.859 023			

（4）稳健性检验

在进行必要性分析和组态分析之后，还需要对组态分析结果进行稳健性检验，以分析和验证组态结果的可靠性。稳健性检验通常采用松弛或收缩样本的筛选条件进行进一步分析，并将所得结果与之前的研究结果进行比较。通过比较两个组态结果的差异性进行结果验证，如两次结果没有发生实质性变化，则可以认为研究结果可靠性较高。现有研究一般采用改变校准锚点、改变一致性阈值以及增删案例 3 种稳健性检验方法[233]。由于本研究对样本案例采用分阶段组态分析，故下文在对不同阶段组态分析结果进行稳健性检验时则随机采用了其中一种检验方法。

该阶段采用删除部分案例的方法进行稳健性检验，随机删除 20、23、25、30、35、36、42 这 7 个案例，得出调整后的知识资本要素在单向关联阶段的组态分析中间解如表 5-22 所示。Schneider 和 Wagemann[234] 提出如果调整后的组态分析结果具有与调整前相似的解释路径、覆盖度和一致性，则可以认为该组态结果是稳健的。比如，调整前某一解释路径为"~B*~C"，若调整后得到"A*~B*~C"或"~B*~C*D"，且一致性与覆盖度差别不大的情况下，都可以认为该结果是稳健的。通过检验可知调整后所得出的组态分析结果仍然只有 3 条解释路径，且 3 条解释路径和调整前的路径相似，并未发生实质性变化。因此，该阶段组态分析研究结果稳健性较高。

表 5-22 单向关联阶段中间解的统计结果（随机删除部分案例）

模型：CSL = *f*(TKS，SKS，MKS，IKN，OKN，KMI，OSE)			
算法：奎因－麦克拉斯基算法			
中间解			
频率值：1 一致性阈值：0.814 634			
	原始覆盖度	唯一覆盖度	一致性值
~TKS*SKS*MKS*~IKN*OKN*~KMI*~OSE	0.519 602	0.266 957	0.814 634
TKS*~SKS*MKS*IKN*~OKN*~KMI*~OSE	0.290 604	0.037 958 9	0.830 961
TKS*~SKS*~MKS*~IKN*OKN*~KMI*~OSE	0.273 802	0.021 157 4	0.831 758
总体覆盖度：0.578 718			
总体一致性：0.825 933			

（5）条件构型组合分析

参照部分学者的方法，采用“●”或“•”表示前因条件存在，用“⨂”或“⊗”表示前因条件不存在，空白表示前因条件是否存在对结果无关紧要。用“●”或“⨂”表示核心条件，用“•”或“⊗”表示边缘条件。单向关联阶段以能力体系为结果变量的科技服务企业知识资本要素匹配组态关系如表 5-23 所示。

表 5-23　单向关联阶段知识资本和能力体系匹配关系

知识资本要素变量		匹配组态		
		组态①	组态②	组态③
知识资源	科技知识资源	•	⊗	•
	服务知识资源	⨂	•	⊗
	市场知识资源	⊗	•	●
知识网络	内部知识网络	⨂	⊗	●
	外部知识网络	●	•	⨂
结构资本	知识管理制度	⨂	⊗	⊗
	组织学习氛围			⊗
原始覆盖值		0.530 672	0.518 987	0.246 835
唯一覆盖度		0.115 872	0.104 187	0.032 619 2
一致性值		0.842 349	0.825 717	0.807 325
总体一致性		0.859 023		
总体覆盖度		0.667 478		

由表 5-23 中的数据可知，样本的总体一致性为 0.859 023，大于模糊集比较定性分析方法要求的 0.8，具备较高信度。样本总体覆盖度为 0.667 478，可认为三种知识资本要素组合，即组态①、组态②、组态③可解释总样本的 66.7478%，具有较强解释力。根据统计结果，单向关联阶段科技服务企业知识资本与能力体系有 3 种要素匹配组态，对每种组态解释如下：

组态① TKS*~SKS*~MKS*~IKN*OKN*~KMI。该组态表明在单向关联阶段，影响科技服务企业能力体系的知识资本组合关系为：高科技知识资源 × 低服务知识资源 × 低市场知识资源 × 低内部知识网络 × 高外部知识网络 × 低知识管理制度。其中，低服务知识资源、低内部知识网络、高外部知识网络和低知识管理制度为核心条件，高科技知识资源和低市场知识资源为边缘条件。该组态表明在单向关联阶段，一些科技服务企业能力体系的提升是以高外部知识网络为支撑的，科技服务企业在自身知识资源积累和扩展过程中尤其需要与外部知识网络紧密配合。由于知识更新换代持续加速，科技服务企业科技知识资源的持续更新离不开高校或科研院所的智力支持，科技服务企业通过与外界组织建立关联，能获取组织边界之外的新知识和新想法，进而创造新知识或新知识范式[235]。与此同时，处于该阶段的科技服务企业有时还表现出企业与企业研发人员对于具有核心竞争优势的知识（如隐性知识）的共享程度不高，这是由于企业大部分的创新行为都是围绕核心研发人员展开的，一方面由于核心研发人员担心知识泄露导致内部知识网络交互不活跃，另一方面，该阶段企业知识管理制度尚不健全，也一定程度上影响了内部知识网络作用的发挥。此外，一些研发类科技服务企业利用自身知识库等创新资源提供科技服务，通过技术研发活动的开展为服务对象解决技术难题或者提供咨询方案，这体现了企业的知识嫁接能力。因此，具有高科技知识资源的研发类企业可以利用自身相对领先的技术优势获取竞争地位。此时，科技服务企业对科技知识资源依赖度较高，而对服务知识资源和市场知识资源的要求相对偏低。该组态强调了外部知识网络和科技知识资源对企业能力体系提升的重要性。

满足此项组态条件的案例有汇能科技、华大基因。

汇能科技创始人陈贵军创立企业之前具有科研院所的工作经历，积累了丰富的行业经验以及高温冷凝水回收技术及装置研发经验，企业在市场立足正是依赖于冷凝水回收专利技术。企业建立之初，陈贵军带领研发团队聚焦热力系统节能领域相关技术研发，进一步扩展了企业科技知识资源。同时陈贵军利用自身的学缘优势与大连理工大学建立紧密联系，充分利用高校完善的实验室和大量的专业人才优势，并与学校化学、能源电力、环境等专业知名专家学者建立合作关系，通过整合专家团队，开展技术研发合作、联合培养人才等。这种外部知识网络的建立为企业技术研发和人才培养提供了助力。

华大基因是一个专门从事生命科学研究的基因组学研发机构，涉及人类、医学、农业、畜牧等分子遗传层面的科技研究。公司创立之初，主要依靠杨焕明和汪建两位科学家，和汇能科技一样，两位创始人同样具有研究所工作经历，两人带领研究团队利用自身专业优势承接了人类基因组计划 1% 的测序任务，该任务的成功为公司扩展了科技知识资源，培养了大量的后备人才。该任务是与中国科学院遗传与发育生物学研究所人类基因组研究中心联合攻克的，当时华大基因和人类基因组研究中心属于合署办公，表现出高度的外部知识网络特性。

组态② ~TKS*SKS*MKS*~IKN*OKN*~KMI。该组态表明在单向关联阶段，

一些科技服务企业影响其能力体系的知识资本组合关系为：低科技知识资源 × 高服务知识资源 × 高市场知识资源 × 低内部知识网络 × 高外部知识网络 × 低知识管理制度。该组态表明在单向关联阶段，一些科技服务企业能力体系的提升是以高服务知识和高市场知识资源为支撑的，一般表现为一些平台类服务企业利用自身与服务对象建立的广泛连接提供科技服务，通过与客户的合作创新进行技术转化和应用咨询等。该类企业大多以科技型企业为服务对象，在利用科技知识进行新产品开发和商业化时，单纯依靠服务知识无法较好地将知识转化为生产力，还必须借助于设备知识、工艺知识和产品知识等市场知识资源，在新产品、新服务开发的整个阶段都应高度重视与顾客的合作，合作程度越高越有利于创新的成功[236]，这体现了科技服务企业的市场对接能力。此时，相关科技服务企业对服务知识和市场知识高度依赖，而对科技知识资源要求相对偏低。同时，与组态①一样，企业通过与外界组织建立紧密关联，逐步更新扩展企业知识资源，有的企业还构建了国际知识网络，主动开展跨境知识资源对接，体现了企业的国际联接能力。因此，该组态强调了外部知识网络和市场知识资源对企业能力体系提升的重要性。

满足此项组态条件的案例有昆山工研院和易世达。昆山工研院成立之初就重点围绕昆山产业特色开展技术应用研发和公共技术服务活动，利用在机器人产业链上游核心零部件及面向 3C 行业柔性制造等方面的核心优势，对技术成果进行“带土移植”，实现了工研院技术成果与市场需求的无缝对接。这些都得益于昆山工研院对机器人产业市场知识资源的持续积累。此外，昆山工研院还联合浙江大学、哈尔滨工业大学、德国史太白国际技术转移中心成立了浙江大学昆山创新中心、哈工大机器人研究所和史太白国际技术转移（昆山）中心等机构，通过与外部知识网络的深度联接，逐步提升自身在该领域的竞争优势。易世达成立之初正好赶上国家能源改革，国家发展和改革委员会要求各地新建新型干法水泥生产线的同时必须配套建设余热发电，实现热源回收再利用。因此，易世达成立的首个业务就是承揽昌乐水泥余热发电项目。由于公司继承了大型机械设备行业的世达重工和余热发电行业的杭州易达的技术和人才，在昌乐水泥余热发电项目的实施过程中，除了依靠余热发电科技知识，更多地依靠公司对设备生产、技术工业等市场知识的掌握。

组态③ TKS*~SKS*MKS*IKN*~OKN*~KMI*~OSE。该组态表明在单向关联阶段，一些科技服务企业影响其能力体系的知识资本组合关系为：高科技知识资源 × 低服务知识资源 × 高市场知识资源 × 高内部知识网络 × 低外部知识网络 × 低知识管理制度 × 低组织学习氛围。其中，高市场知识资源、高内部知识网络和低外部知识网络为核心条件，高科技知识资源、低服务知识资源、低知识管理制度和低组织学习氛围为边缘条件。该组态表明在单向关联阶段，一些技术转移或科技孵化类科技服务企业能力体系在提升的同时以高市场知识资源和高科技知识资源为支撑。与组态①和组态②相比，该组态下的科技服务企业不再重点关注市场知识资源和科技知识资源中的任何一种，而是对双方都有持续的关注和重视。通过积累、拓展科技知识资源和市场知识资源进行服务能力体系的提升，体现了科技服务企业的知识嫁接能力和市场对接能力。同时，为了促进新技术和新知识快速商业化和市场化，需要企业和员工对科技和市场知识全方位把握，这就需要企业建立良好的内部知识网络，以便于知识资源在组织内部快速流动，从而实现企业内部员工整体知识水平的提升。此外，由于外部知识网络存在黑边效应，依靠外部创新资源的高外部联接在一定程度上会阻碍创新能力的提升，表现为科技服务企业如果过度依赖外部知识寻求，知识距离等因素的存在在短期内会导致企业技术创新能力的减弱[237]，不利于服务能力的提升。同时由于企业处于起步阶段，对知识管理制度和程序的建立往往关注不够。该组态强调了市场知识资源和内部知识网络对企业能力体系提升的重要性。

满足此项组态条件的案例有大连电牵。大连电牵自组建成立以来，一直高度关注研发、聚焦创新，围绕电力牵引核心技术研究需求、新车型配套开发需求、新业务拓展需求，积极搭建研发平台、完善创新体系，支持新技术、新产品推出，快速形成了电力牵引与控制领域的技术创新平台优势、人才聚集优势、核心技术掌握优势、新产品应用推广优势，积极扩充企业科技知识资源，为集团内多家企业的国内外机车、动车组、城市轨道车辆、轨道工程机械产品的牵引与控制技术和产品提供持续研发服务。同时其为更好地服务集团的新车型开发和国内外项目实施，积极对接市场需求，持续积累市场知识资源，为中国中车股份有限公司整体竞争能力提升发挥了关键作用。公司内部的研发和创新工作以项目管理方式开展，也在一定程度上保障了企业内部知识网络的高效运行，有效地保证了研发和创新工作顺利开展。

5.3.2　双向延伸阶段的组态分析

（1）临界值设定

计算方法同上，通过计算获得的双向延伸阶段科技服务企业能力体系赋值的三个临界值如表 5-24 所示。

表 5-24 双向延伸阶段科技服务企业能力体系赋值的临界值

模型	临界值		
	n_3	n_2	n_1
CSL	7	12	15

（2）必要条件分析

方法同上，以科技服务企业能力体系作为结果变量，对 7 个知识资本要素（条件变量）在双向延伸阶段的赋值进行必要性检验，结果如表 5-25 所示。必要条件检测结果表明，7 个知识资本要素的一致性值均介于 0～1，说明单一知识资本要素并不能完全解释结果变量，须进行条件组合分析。

表 5-25 双向延伸阶段单一条件必要性检测结果

必要条件分析		
结果变量：CSL		
条件变量	一致性值	覆盖度
TKS	0.757 428	0.718 577
~TKS	0.573 794	0.578 585
SKS	0.877 253	0.611 753
~SKS	0.418 899	0.684 713
MKS	0.813 931	0.617 288
~MKS	0.479 786	0.659 745
IKN	0.692 158	0.803 733
~IKN	0.524 671	0.524 671
OKN	0.631 375	0.631 375
~OKN	0.443 741	0.671 334
KMI	0.654 165	0.746 941
~KMI	0.663 419	0.567 027
OSE	0.807 112	0.699 451
~OSE	0.483 682	0.542 327

注：符号“~”代表逻辑“非”。

（3）中间解和简洁解结果

以“能力体系”为结果变量，知识资本要素在双向延伸阶段的组态分析中间解和简洁解统计结果分别如表 5-26、表 5-27 所示。

表 5-26 双向延伸阶段中间解的统计结果

模型：CSL = f(TKS，SKS，MKS，IKN，OKN，KMI，OSE)			
算法：奎因 - 麦克拉斯基算法			
中间解			
频率值：1 一致性阈值：0.827 027			
	原始覆盖值	唯一覆盖度	一致性值
TKS*SKS*IKN*OKN*OSE	0.667 316	0.074 525 2	0.857 322
TKS*SKS*MKS*IKN*OKN*~KMI	0.584 998	0.008 280 58	0.840 448
~TKS*SKS*MKS*OKN*KMI*OSE	0.444 228	0.035 557 7	0.862 004
总体覆盖度：0.711 154			
总体一致性：0.842 47			

表 5-27 双向延伸阶段简洁解的统计结果

模型：CSL = f(TKS，SKS，MKS，IKN，OKN，KMI，OSE)			
算法：奎因 - 麦克拉斯基算法			
简洁解			
频率值：1 一致性阈值：0.827 027			
	原始覆盖值	唯一覆盖度	一致性值
TKS*IKN	0.675 597	0.144 666	0.849 877
KMI*OSE	0.566 488	0.035 558	0.877 074
总体覆盖度：0.711 154			
总体一致性：0.842 47			

（4）稳健性检验

根据前文所述稳健性检验方法，该阶段采用改变一致性阈值方法[238]，将之前组态分析过程中一致性阈值由 0.8 调整为 0.75。得出调整后的知识资本要素在双向延伸阶段的组态分析中间解如表 5-28 所示。通过与调整前统计结果比较，调整后所得出的组态分析结果仍然只有 3 条解释路径，且 3 条解释路径和调整前的路径完全一样，只是个别解释路径的覆盖度和一致性值有所变化，但也均符合惯例。因此，调整后的组态分析结果并未发生实质性变化，该阶段组态分析研究稳健性较高。

表 5-28 双向延伸阶段中间解的统计结果（调整一致性阈值）

模型：CSL ＝ *f*（TKS，SKS，MKS，IKN，OKN，KMI，OSE）			
算法：奎因－麦克拉斯基算法			
中间解			
频率值：1 一致性阈值：0.768 65			
	原始覆盖度	唯一覆盖度	一致性值
TKS*SKS*IKN*OKN*OSE	0.667 316	0.074 525 1	0.857 322
TKS*SKS*MKS*IKN*OKN*~KMI	0.584 998	0.008 280 58	0.840 448
~TKS*SKS*MKS*OKN*KMI*OSE	0.499 756	0.087 189 4	0.736 54
总体覆盖度：0.762 786			
总体一致性：0.769 533			

（5）条件构型组合分析

双向延伸阶段以能力体系为结果变量的科技服务企业知识资本要素匹配组态关系如表 5-29 所示。

表 5-29 双向延伸阶段知识资本和能力体系匹配关系

知识资本要素变量		匹配组态		
		组态④	组态⑤	组态⑥
知识资源	科技知识资源	●	●	⊗
	服务知识资源	•	•	•
	市场知识资源		•	•
知识网络	内部知识网络	●	●	
	外部知识网络	•	•	•
结构资本	知识管理制度		⊗	●
	组织学习氛围	•		●
原始覆盖度		0.667 316	0.584 998	0.444 228
唯一覆盖度		0.074 525 2	0.008 280 58	0.035 557 7
一致性值		0.857 322	0.840 448	0.862 004
总体覆盖度		0.842 47		
总体一致性		0.711 154		

注：●或•表示该条件存在，⊗或⊗表示该条件不存在；●或⊗表示核心条件，•或⊗表示边缘条件。空白代表条件可存在也可不存在。

由表中的数据可知，样本的总体一致性为0.842 47，大于模糊集定性比较分析方法要求的0.8，具备较高信度。样本总体覆盖度为0.711 154，即组态④、组态⑤、组态⑥可解释总样本的71.1%，具较强解释力。根据统计结果，双向延伸阶段科技服务企业知识资本与能力体系有3种要素匹配组态，对每种组态解释如下：

组态④ TKS*SKS*IKN*OKN*OSE。该组态表明在双向延伸阶段，影响科技服务企业能力体系的知识资本组合关系为：高科技知识资源 × 高服务知识资源 × 高内部知识网络 × 高外部知识网络 × 高组织学习氛围，其中高科技知识资源和高内部知识网络为核心条件，高服务知识资源、高外部知识网络和高组织学习氛围为边缘条件。该组态表明在双向延伸阶段，科技服务企业可以依赖科技知识资源和服务知识资源来提升企业的能力体系，与组态①和③相比，企业除了依赖持续的技术创新扩大专利池和攻克更多技术诀窍，一方面该阶段企业还需要与服务链条上研究开发、创业孵化、知识产权等其他主体建立关联，开展合作研发或共享服务资源及配套等活动，这体现了企业的前向耦合能力；另一方面，该阶段企业还需要与服务链条上技术转移、检验检测、科技咨询或科技金融等主体进行协同，利用科技服务产业集聚来进一步与用户需求进行精准对接或开展技术适应性改进等活动，这体现了企业的后向耦合能力。所有这些都对企业的服务知识资源提出了更高要求。另外，与组态①和②相比，该阶段企业除了继续依赖与外部创新主体的深度交互外，还需要重视组织内部知识库的建立，同时引导员工加强组织内部交流，实现组织内知识库的持续更新和优化。处于该阶段的企业开始关注知识管理制度和程序的建立，员工对企业的创新环境的认知程度越来越高，这一定程度上激发了员工在面临外部市场需求变化时积极主动地进行沟通和交流，进一步提升了企业的服务能力[239]。该组态强调科技知识资源、内部知识网络对企业服务能力提升的重要性。

满足此项组态条件的案例有山东华特、易事特。山东华特是山东省高校第一家上市公司，公司以山东大学等高校及科研院所为技术依托，围绕环保、医药、电子信息、新材料等多领域提供科技服务，在服务增强阶段得益于山东大学良好的技术创新源头作用，积累了大量相关领域的科技知识，一定程度上拓展了科技知识资源。此外，公司还积极与服务链上其他创新主体合作开展技术攻关和新产品研发等活动。例如，2015年山东华特与中国医学科学院药物研究所合作在儿童用药领域开展科学研究、技术合作、创新成果孵化等，突破产业化发展中的技术瓶颈、加快创新成果的研发与转化。易事特刚创立时主要依靠为施耐德、伊顿等知名企业开展不间断电源的贴牌生产，之后为了进一步掌握不间断电源生产的核心技术积极构建内部和外部知识网络，如积极开展与纽威、爱克赛等国外知名企业的深入合作交流，逐步引进成熟的电源生产技术。伴随着企业的发展，公司越来越重视组织内部学习，早在 2011 年就成立了公司的企业大学—易事特商学院，董事长每周一开设“董事长课堂”，公司高管或博士每周三讲解技术和行业最新研究成果，通过良好的组织学习氛围提升了员工的专业知识水平，为企业持续创新提供助力。

组态⑤ TKS*SKS*MKS*IKN*OKN*~KMI。该组态表明在双向延伸阶段，影响科技服务企业能力体系的知识资本组合关系为：高科技知识资源 × 高服务知识资源 × 高市场知识资源 × 高内部知识网络 × 高外部知识网络 × 低知识管理制度，其中高科技知识资源和高内部知识网络为核心条件，高服务知识资源、高市场知识资源、高外部知识网络和低知识管理制度为边缘条件。该组态表明在双向延伸阶段，科技服务企业主要依赖知识资源和知识网络提升服务能力。与组态③相比，企业除了持续依赖高科技知识资源和高市场知识资源，还需要依赖高服务知识资源，通过与服务链条上其他创新主体的前向和后向耦合进一步整合提升自身的服务能力，这在组态④中也有显著体现。同时，该组态也表明在双向延伸阶段，企业还需要高度重视内部和外部知识网络的打造，通过加强企业与员工、员工与员工以及跨组织边界甚至跨国界的交互行为来持续优化和扩展企业的知识资源，进而更好地发挥其知识嫁接能力、市场对接能力和产业内耦合能力。此外，该组态同时识别出了知识管理制度的作用。一般而言，知识管理制度在企业知识获取、知识共享和知识创造过程中都会发挥重要作用进而提升企业核心竞争力。但企业获得的知识必须经历知识整合及创造等知识管理过程，才能转换成创新力量进而在企业创新中发挥作用[240]。对一些高科技创新型科技服务企业而言，往往快速攻克技术难关，率先占领市场是决定企业生死的关键。而企业的知识共享和创造则依赖于员工之间的信息交流与沟通以及新员工的知识吸收能力[241]。在企业发展的特定阶段更能激发核心研发人员的创新潜力，使企业能在最短时间内迅速攻克技术难关，率先占领市场。因为，此时企业大部分的创新行为都是围绕核心研发人员展开的，知识管理制度一定程度上可以避免核心技术的泄露，同时保证核心研发人员组织内的优势地位。该组态强调了科技知识资源和内部知识网络对企业服务能力提升的重要性。

满足此项组态条件的案例有大疆科技、迈瑞医疗。大疆科技作为致力于无人机领域产品的研发企业，公司创始人汪韬毕业于香港科技大学电子与计算机工程专业，具有无人机领域深厚的专业知识背景和产品研发能力。随着公司规模逐步扩大，在公司发展战略的制定过程中，汪韬越来越重视市场对企业产品和服务的反馈，比如，汪韬看到无人机爱好者的留言板上有很多用户提出无人机应该从单旋翼设计向四旋翼设计转变，因为四旋翼飞行器价格更便宜，也更容易进行编程。于是，企业开始开发具有自动驾驶功能的更为先进的飞行控制器。当然也正是得益于创始人汪韬雄厚的专业背景，公司依靠他和两位同学作为核心研发人员成功研发了大疆科技第一款直升机飞行控制系统 XP3.1，新产品的率先面世使得大疆科技迅速占领了无人机市场。同样，迈瑞医疗创始人李西廷具有中国科学院从业背景，正是得益于自己的从业背景和专业知识，李西廷发现当时国内高端精密医疗器械市场的巨大需求，他联合其他两位来自清华大学和上海交通大学同事陆续开发出中国第一台多参数监护仪、第一台全数字黑白超声仪等产品。同时，迈瑞医疗也高度重视产业内耦合，如 2008 年收购美国 Datascope 公司看中的就是该公司在生命信息监护领域的研发能力和庞大的欧美直销及服务网络。此外，迈瑞医疗高度重视知识网络建设，自 2000 年起，迈瑞医疗开始启动国际化经营，通过自主创新和适时的外延并购，产品日益受到海外客户的认可，市场占有率持续攀升。

组态⑥ ~TKS*SKS*MKS*OKN*KMI*OSE。该组态表明在双向延伸阶段，影响科技服务企业能力体系的知识资本组合关系为：低科技知识资源 × 高服务知识资源 × 高市场知识资源 × 高外部知识网络 × 高知识管理制度 × 高组织学习氛围，其中高知识管理制度和高组织学习氛围为核心条件，低科技知识资源、高服务知识资源、高市场知识资源和高外部知识网络为边缘条件。该组态表明在双向延伸阶段，有的科技服务企业主要依赖服务知识资源、市场知识资源、外部知识网络和结构资本来提升服务能力。与组态⑤相比，有些企业在服务提供过程中对科技知识资源的依赖程度不高，此时，企业的核心竞争力不在于产品或服务的创新性，而在于对市场需求的及时有效跟进，以及能否与上下游进行合作，因此，企业主要依赖于与产业链上下游创新主体的协同以及与服务对象的紧密连接进而实现产品或服务的提供。此时，企业的产业内前向耦合能力、产业内后向耦合能力和市场对接能力得到发挥。此外，在该阶段企业还高度依赖其结构资本，一方面需要建立良好的知识管理制度，尽最大可能促使员工对知识获取、共享及应用，另一方面还需要建立良好的组织学习氛围，以便于企业内部知识的快速传递和共享。该组态强调了知识管理制度和组织学习氛围对企业服务能力提升的重要性。

满足此项组态条件的案例有浙大网新集团、寰球工程。浙大网新集团以产学研协同创新系统为依托，积极发挥其服务知识资源和市场知识资源作用。2015 年与广西投资集团、国海证券共同出资组建广西小微互联网金融服务有限公司，推出产品易金融，专注小微金融，扶持小微经济发展，创造了互联网金融新业态。2010 年浙大网新集团通过向华能湖南岳阳发电有限责任公司提供烟气脱硫项目融资及投资管理、工程建设管理、资产运营管理等科技服务，使得该公司顺利完成烟气脱硫项目建设并成功运营。同时，前文中也提到浙大网新集团积极鼓励员工参与创新，为了激励员工开展知识创造和共享活动，公司制定了良好的知识管理制度，推动员工积极参与企业知识资源构建。寰球工程一直重视构建外部知识网络，积极开展与其他创新主体合作，如与北京三聚环保新材料股份有限公司利用双方在煤化工、石油化工领域有较强的互补性进行合作，积极推进北京三聚环保新材料股份有限公司开发的重质原料悬浮床加氢成套、高效的低能耗合成氨和脱硫净化等技术在寰球工程的转移转化。同时，还积极开展技术知识的跨国界利用，率先进入沙特、新加坡、加拿大、意大利等炼化工程建设高端市场。此外，寰球工程始终坚持把企业打造成学习型组织，倡导终身学习理念，积极营造尊重劳动、尊重知识、尊重人才、尊重创造的工作环境。

5.3.3 双向共生阶段的组态分析

（1）临界值设定

当采用多时段定性比较分析时，不同时段校准标准的选择需要根据研究需要和案例实际对每个阶段采用不同的校准标准[287]。考虑到本阶段科技服务企业能力赋值与前两个阶段总值存在差异，取值范围较为集中，参考 Fiss 的设定方法，该阶段临界值采用上四分位、中位数和下四分位进行校准[242]，计算获得双向共生阶段科技服务企业能力体系的 3 个临界值如表 5-30 所示。

表 5-30　双向共生阶段科技服务企业能力体系赋值的临界值

模型	临界值		
	n_3	n_2	n_1
CSL	8	10	11

（2）必要条件分析

方法同上，以科技服务企业能力体系作为结果变量，对 7 个知识资本要素（条件变量）在双向共生阶段的赋值进行必要性检验，结果如表 5-31 所示。必要条件检测结果表明，7 个知识资本要素的一致性值均介于 0～1，说明单一知识资本要素并不能完全解释结果变量，须进行条件组合分析。

表 5-31 双向共生阶段单一条件必要性检测结果

必要条件分析		
结果变量：CSL		
条件变量	一致性值	覆盖度
TKS	0.805 017	0.774 672
~TKS	0.346 831	0.428 494
SKS	0.784 771	0.627 375
~SKS	0.344 630	0.576 583
MKS	0.919 454	0.679 792
~MKS	0.169 894	0.342 502
IKN	0.720 511	0.744 091
~IKN	0.440 141	0.500 000
OKN	0.784 771	0.634 520
~OKN	0.373 680	0.610 791
KMI	0.640 405	0.728 228
~KMI	0.522 007	0.538 601
OSE	0.786 091	0.704 259
~OSE	0.374 560	0.511 418

注：符号“~”代表逻辑“非”

（3）中间解和简洁解结果

以“能力体系”为结果变量，知识资本要素在双向共生阶段的组态分析中间解和简洁解结果分别如表 5-32、表 5-33 所示。

表 5-32 双向共生阶段中间解的统计结果

模型：CSL = *f*(TKS，SKS，MKS，IKN，OKN，KMI，OSE)
算法：奎因－麦克拉斯基算法
中间解
频率值：1 一致性阈值：0.819 909

续表

	原始覆盖度	唯一覆盖度	一致性值
TKS*SKS*MKS*IKN*OKN*KMI*OSE	0.551 056	0.551 056	0.819 909
总体覆盖度：0.548 155			
总体一致性 :0.819 909			

表 5-33 双向共生阶段简洁解的统计结果

模型：CSL = f(TKS，SKS，MKS，IKN，OKN，KMI，OSE)			
算法：奎因 - 麦克拉斯基算法			
简洁解			
频率值：1 一致性阈值：0.819 909			
	原始覆盖度	唯一覆盖度	一致性值
TKS*SKS*MKS*KMI	0.551 056	0.551 056	0.754 672
总体覆盖度：0.551 056			
总体一致性：0.754 672			

（4）稳健性检验

根据前文所述稳健性检验方法，该阶段采用改变临界值校准锚点方法[243]，将之前组态分析过程中临界值采用的上四分位、中位数和下四分位调整为 80%、中位数和 20%。得出调整后的知识资本要素在双向共生阶段的组态分析中间解如表 5-34 所示。通过与调整前统计结果比较，研究所得出的组态并未发生实质性变化，只是解释路径的覆盖度有所变化，但也符合惯例。可知，该阶段组态分析研究结果稳健性较高。

表 5-34 双向共生阶段中间解的统计结果（调整临界值校准锚点）

模型：CSL = f(TKS，SKS，MKS，IKN，OKN，KMI，OSE)			
算法：奎因 - 麦克拉斯基算法			
中间解			
频率值：1 一致性阈值：0.819 909			
	原始覆盖度	唯一覆盖度	一致性值
TKS*SKS*MKS*IKN*OKN*KMI*OSE	0.591 124	0.591 124	0.819 909
总体覆盖度 :0.591 124			
总体一致性 :0.819 909			

（5）条件构型组合分析

双向共生阶段以能力体系为结果变量的科技服务企业知识资本要素匹配组态关系如表5-35所示。

表5-35 双向共生阶段知识资本和能力体系匹配关系

知识资本要素变量		匹配组态
		组态⑦
知识资源	科技知识资源	●
	服务知识资源	●
	市场知识资源	●
知识网络	内部知识网络	•
	外部知识网络	•
结构资本	知识管理制度	●
	组织学习氛围	•
原始覆盖度		0.548 155
唯一覆盖度		0.548 155
一致性值		0.815 807
总体覆盖度		0.815 807
总体一致性		0.548 155

注：●或•表示该条件存在，⊗或⊗表示该条件不存在；●或⊗表示核心条件，•或⊗表示边缘条件。空白代表条件可存在也可不存在。

由表中的数据可知，样本的总体一致性为0.815 807，大于模糊集定性比较分析方法要求的0.8，具备较高信度。样本总体覆盖度为0.548 155，可认为该知识资本要素组合即组态⑦可解释总样本的54.8%，具较强解释力。根据统计结果，双向共生阶段科技服务企业知识资本与能力体系有1种要素匹配组态，对该组态解释如下：

组态⑦ TKS*SKS*MKS*IKN*OKN*KMI*OSE。该组态表明在双向共生阶段，影响科技服务企业能力体系的知识资本组合关系为：高科技知识资源 × 高服务知识资源 × 高市场知识资源 × 高内部知识网络 × 高外部知识网络 × 高知识管理制度 × 高组织学习氛围，其中高科技知识资源、高服务知识资源、高市场知识资源和高知识管理制度为核心条件，高内部知识网络、高内部知识网络和高组织学习氛围为边缘条件。该组态表明在双向共生阶段，科技服务企业可以依赖知识资源、知识网络和结构资本来提升其能力体系。与组态④和组态⑤相比，科技服务企业在双向共生阶段还需要依托高市场知识资源和高知识管理制度两种知识资本要素。在双向共生阶段，科技服务企业需要充分利用自身知识资源，包括科技知识资源、服务知识资源和市场知识资源等提供服务。一方面，企业需要通过建立良好的知识管理制度，优化组织内部学习氛围，通过构建内部知识网络在组织内部进行默会知识与形式知识的相互转换[244]，进而实现企业知识库的持续更新和扩充，尤其是其科技知识资源，进一步增强企业的核心竞争力，这表现为科技服务企业"知识创造能力"；另一方面，知识转移是一个复杂系统活动，知识的隐性程度、发送方的传授能力、接收方的学习与吸收能力、转移双方的知识距离和文化距离都会对知识转移产生直接影响[245]。实践中，高校院所等知识创新源往往会基于学术价值进行知识生产，而企业则会基于市场价值开展知识应用，这必然导致双方价值观的差异[246]。这需要科技服务企业通过构建外部知识网络来积极对接国内外高校院所等创新知识源及企业服务对象，通过提供技术咨询、专利服务、技术评估等服务知识帮助知识生产方和知识应用方有效解决知识创造到应用过程中的障碍，这表现为科技服务企业的知识转移能力。新技术研发成功后，最终目标是实现其产业化和市场化。科技服务企业在创新技术从研发到市场化整个过程中都可以提供全方位、全链条的服务，包括知识创造和知识转移[247]。此外，科技服务企业还可以利用自身市场知识资源对新技术、新项目进行筛选，对有潜力和前景的知识成果提供从开发到应用的多种条件和服务，如开展咨询和孵化等活动，帮助服务对象实现知识成果更好地与市场对接，或对知识成果商业化作出是否进行及如何进行等研判，以降低服务对象进入市场的风险和缩短进入市场的时间。这表现为科技服务企业的知识应用能力。

满足此项组态条件的案例有力合科创、陕鼓集团。由深圳清华大学研究院出资设立的力合科创，自成立以来，就围绕清华研究院的科研项目开展科技成果转化服务，通过与清华研究院建立的紧密连接，公司实现了自身科技知识的持续积累。伴随着公司业务范围的逐步扩大，公司逐渐形成了创新基地平台服务、科技创新运营服务和风险投资孵化服务等三大业务板块。例如，公司的创新基地服务主要助力企业从初创阶段到快速成长阶段的发展，该服务的提供当然需要服务知识和市场知识的高度支撑，主要为初创企业提供技术咨询、科技金融、创新孵化等科技服务。此外，公司还高度重视组织内部知识网络建设，致力于打造学习型组织，成立力合商学院，为员工提供技术研发、成果转化、企业孵化和资金支持等专业培训。同时，力合科创还会通过全球创新服务网络对接海外资源，目前北美、欧洲、以色列、日本等地建有 7 个海外创新中心。陕鼓集团致力于为冶金、石化、环保等行业提供分布式能源技术咨询和解决方案服务。其集团总部积极发挥科技治理功能，持续为集团发展提供助力，尤其是对集团内企业提供从技术研发、专利服务、市场对接等系列科技服务。为此，集团总部专门设立有工研院研发中心和系统方案中心为集团企业提供技术研发和工程方案设置服务，目前研发投入已占集团总产值的10%以上，同时市场协同部积极开展市场需求与公司技术和服务的协同对接。此外，集团还建立了完善的知识管理制度，要求公司所有领导干部外出学习后，必须将所学整理成书面资料上传到内部的知识管理系统，对企业所有员工分享。同时，公司注重组织内部学习氛围的营造，建立专门的培训中心，对员工开展持续的职业和技能培训。

5.4 基于能力体系的知识资本组态关系模型

基于以上对7种知识资本组态的分析，本研究得出科技服务企业基于能力体系的知识资本组态关系模型，如图5-1所示。

由图5-1可知，第一，从7种知识资本要素组合的整体视角看，科技服务企业的能力体系可以由不同知识资本组合匹配，这些组合影响科技服务企业在各个阶段的主导能力，同时也对辅助能力发挥作用，从而实现科技服务企业服务能力的提升；第二，基于知识资源、知识网络和结构资本等知识资本的3个维度，科技服务企业能力体系的构建和升级是由上述3个维度要素共同作用、相互组合的结果；第三，从单一因素的角度来看，可以看出某一因素在科技服务企业能力体系中的作用发挥还受到其他因素的影响，即其对结果的影响取决于其与其他因素的联合作用，即组态关系。

5.4.1 组态内多因素的作用机制

通过fsQCA3.0软件运算得出的多因素组态路径可以看出，首先，任何单一因素都无法促使科技服务企业能力体系的提升，并且以上7个关键因素没有任何一个在条件构型的复合解中缺失，因此，可以说组态中的要素组合呈现出多样化的特征，知识资源、知识网络和结构资本3类知识资本在影响科技服务企业能力体系的组态中均不可或缺。基于上文对每个组态的案例分析可知，实践中7个知识资本要素的关键属性确实有助于科技服务企业能力体系的构建以及优化提升。

其次，各发展阶段科技服务企业知识资本组合的复合解都不只有1条路径，均呈现出1～3条路径，且每条路径也是由5～7个单一因素组合而成，进一步证实了每条路径都是关键因素的组合，任何科技服务企业都不能依靠知识资本的任何单一因素来促进企业能力的提升。组态思维强调3类知识资本要素的整体性，同时也关注科技知识资源、服务知识资源、市场知识资源、内部知识网络、外部知识网络、知识管理制度和组织学习氛围作为独立要素的共同作用。

最后，科技服务企业知识资本对其能力体系的影响，既取决于单个知识资本因素更取决于多种知识资本因素的组合作用，因为这些因素相互组合、共同作用，比单一因素作用更为显著。科技服务企业的能力体系是一个“多重因果”问题，即影响科技服务企业不同能力体系的知识资本组态具有多样性。在组态思维下，不同的要素组合有不同的作用模式，组态内的要素有强有弱。只要要素之间形成结构性平衡，组态就可以实现现阶段科技服务企业能力的提升。因此，处于不同发展阶段的科技服务企业需要选择合适的知识资本组态来增强这一阶段的能力。

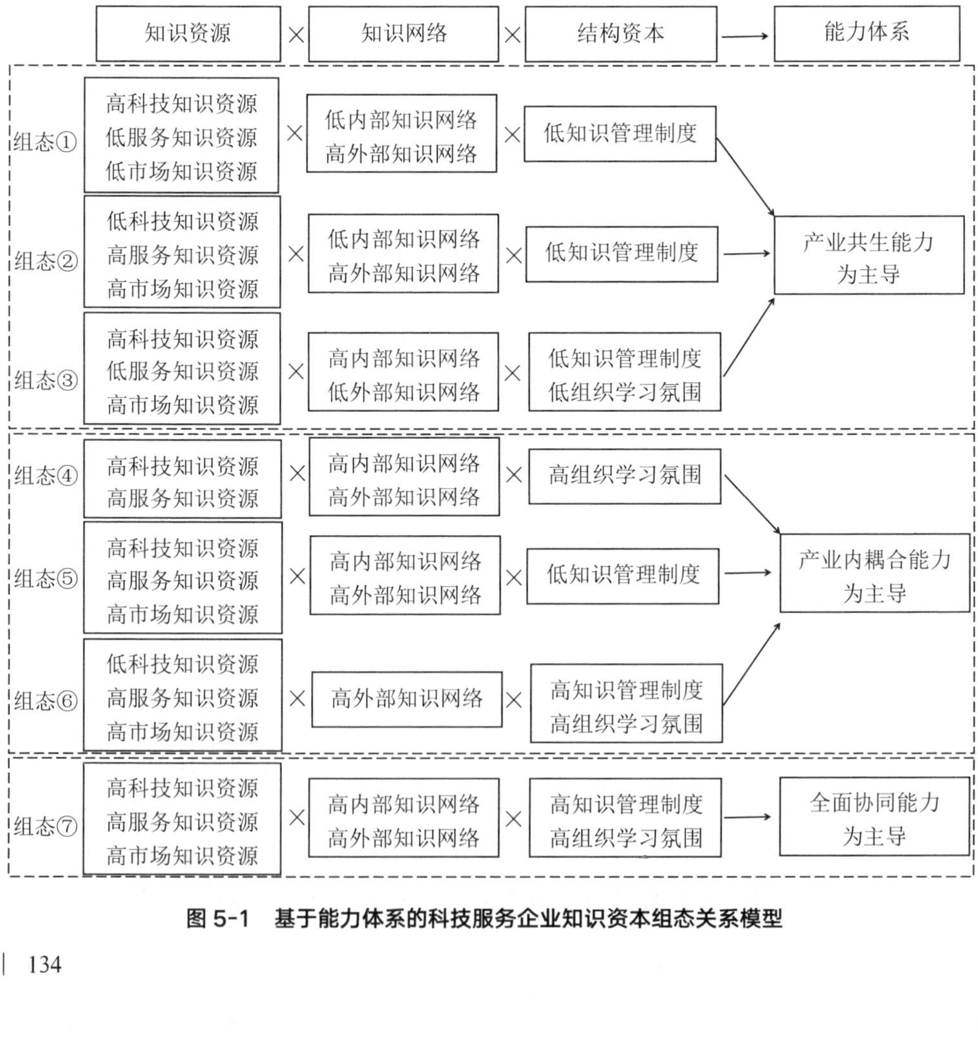

图5-1 基于能力体系的科技服务企业知识资本组态关系模型

5.4.2 知识资源和知识管理制度的核心作用

模糊集定性比较分析方法认为简洁解和中间解中都出现的条件即为核心要素。研究发现模糊集定性比较分析结果中，案例企业发展到双向共生阶段时，简洁解中的科技知识资源、服务知识资源、市场知识资源和知识管理制度在中间解中同样出现，即认定为核心要素。此外，科技知识资源、服务知识资源和市场知识资源在科技服务企业不同阶段的全部 7 个组态结果中也大都有体现，具有不可或缺性，因此，对科技服务企业能力提升具有核心作用。随着科技服务企业能力体系的优化升级，科技知识资源、服务知识资源和市场知识资源的作用愈发显著。此外，科技服务企业成长到双向共生阶段时，良好的知识管理制度更能在企业内部营造知识生产和流动的最佳生态，同时又影响着企业知识资源的持续累积和优化。

当前，技术的不断创新与知识的持续获取对科技服务企业提出了更高的要求。科技服务企业作为知识密集型组织，为了更好地发挥自身的服务功能，必须具备相关领域的专业知识，包括科技知识、服务知识和市场知识。科技知识是研发类服务企业的核心竞争优势所在，是支撑企业提供技术研发的基础。研发类企业可以利用自身储备或从外部技术创新源头获取的技术科学知识或工程技术知识等科技知识为服务对象提供技术研发和技术适应性改进等服务，进而提升技术的创新性和可行性。服务知识是平台类科技服务企业在进行知识转移过程中，为了与服务链条上其他服务主体建立前后向协同而需要的关系服务知识、产权知识或信息服务知识等。服务知识是平台类服务企业能顺利把创新技术快速实现转移转化的基础，对该类企业服务能力提升至关重要。市场知识是转移类科技服务企业在有效实施知识应用过程中所必需的知识资源，可以解决新产品、新服务与市场错位问题，为新技术顺利实现产业化和市场化提供支撑，包括产品知识、工艺知识和运营知识等。但不论何种知识资源，伴随着不同类型科技服务企业逐步发展，3 种知识都会对不同类型科技服务企业服务能力提升产生影响。例如，转移类科技服务企业在全面发展阶段也必须高度依赖其自身的科技知识进行服务提供，可以避免因外部市场不确定性导致的相关科技知识无法获取，从而最大限度地提升自身竞争力。

知识管理制度是促进各类组织通过组织内部知识创造和知识共享，或与外部知识网络交互进行知识获取，进而实现组织知识创新的规章和制度。知识管理制度属于科技服务企业的结构资本范畴。良好的知识管理制度可以通过在组织内部建立浓厚的组织学习氛围，激发员工和组织开展组织学习以及知识共享，同时可以克服因知识共享导致个人在组织中优势地位丧失的窘境，确保知识创造和共享活动的有序进行。而由于科技服务企业对科技知识、服务知识和市场知识等知识资源密集使用的特征，对知识管理制度的依赖性则更强。伴随着科技服务企业的快速发展，企业对良好知识管理制度的需求越来越急迫，因此，良好的知识管理制度对科技服务企业提升服务能力也愈发重要。

总而言之，科技服务企业向更高层次发展的组态表明，在科技服务企业能力提升的过程中，无论遵循何种组态类型的要素匹配组合，都应强调知识资源的核心作用，需要加强组织内部知识管理制度的制定和优化落实。

5.5 基于能力体系的知识资本组态演化路径

在梳理了7个知识资本要素组合的构成和探索组合中各要素间作用关系后，横向分析同一阶段不同案例样本知识资本要素组合的异同，发现虽然同一阶段知识资本要素间的相互作用关系不同，但从整体来看，同一阶段不同知识资本要素组合对科技服务企业能力体系的构建和提升具有相似作用。在单向关联阶段，组态①、组态②和组态③均作用于以跨产业联结能力为主导的能力体系；在双向延伸阶段，组态④、组态⑤和组态⑥均作用于以产业内耦合能力为主导的能力体系；在双向共生阶段，组态⑦作用于以全面协同能力为主导的能力体系。

同时，纵向分析同一案例样本在不同阶段知识资本要素组合的变化以及相关要素间相互作用的变化。可以发现随着企业发展的阶段性变化，知识资本和能力体系匹配组合演变路径与企业类型相关，不同类型科技服务企业基于能力体系的知识资本组态表现为明显的3条演化路径，具体表现为：路径一（组态①→组态④→组态⑦）、路径二（组态②→组态⑥→组态⑦）、路径三（组态③→组态⑤→组态⑦）。总体而言，3条路径中知识资本要素间作用关系的变化规律共同体现出：从局部知识资本要素间的相互作用发展到系统知识资本要素的综合作用，从“单向作用”发展到“全面作用”的特征。

结合横纵向分析，根据知识资本组态的演化规律，发现科技服务企业可以通过3种路径实现自身服务能力的提升，不同类型科技服务企业可以匹配不同的知识资本组态演化路径：研发类企业可以采用科技知识资源主导的组态演化路径一（组态①→组态④→组态⑦）发挥知识资本组合作用，构建和提升自身能力体系；平台类企业可以采用服务知识资源主导的演化路径二（组态②→组态⑥→组态⑦）；转移类企业则采用市场知识资源主导的演化路径三（组态③→组态⑤→组态⑦），如图 5-2 所示。

	单向关联阶段	双向延伸阶段	双向共生阶段
路径一：科技知识主导的组态演化路径（适用于研发类科技服务企业）	组态① 高科技知识资源 低服务知识资源 低市场知识资源 低内部知识网络 高外部知识网络 低知识管理制度	组态④ 高科技知识资源 高服务知识资源 高内部知识网络 高外部知识网络 高组织学习氛围	组态⑦ 高科技知识资源 高服务知识资源 高市场知识资源 高内部知识网络 高外部知识网络 高知识管理制度 高组织学习氛围
路径二：服务知识主导的组态演化路径（适用于平台类科技服务企业）	组态② 低科技知识资源 高服务知识资源 高市场知识资源 低内部知识网络 高外部知识网络 低知识管理制度	组态⑥ 低科技知识资源 高服务知识资源 高市场知识资源 高外部知识网络 高知识管理制度 高组织学习氛围	组态⑦ 高科技知识资源 高服务知识资源 高市场知识资源 高内部知识网络 高外部知识网络 高知识管理制度 高组织学习氛围
路径三：市场知识主导的组态演化路径（适用于转移类科技服务企业）	组态③ 高科技知识资源 低服务知识资源 高市场知识资源 高内部知识网络 低外部知识网络 低知识管理制度 低组织学习氛围	组态⑤ 高科技知识资源 高服务知识资源 高市场知识资源 高内部知识网络 高外部知识网络 低知识管理制度	组态⑦ 高科技知识资源 高服务知识资源 高市场知识资源 高内部知识网络 高外部知识网络 高知识管理制度 高组织学习氛围
	跨产业联结能力为主导	产业内耦合能力为主导	全面协同能力为主导

图 5-2 科技服务企业知识资本的 3 种组态演化路径

5.5.1 科技知识主导的组态演化路径

科技知识主导的知识资本组态演化路径表现为从组态①到组态④再到组态⑦

的演变规律，主要作用于研发类科技服务企业进行自身能力体系的构建与提升。研发类科技服务企业与作为知识或技术源头的高校或科研院所共生程度较为密切，通过对创新源头的科技知识的消化吸收进一步提升技术研发能力，进而提供先进技术和知识并进行快速产品化的服务企业，其知识资源表现为以科技知识为主导。代表性企业有金风科技。

研发类科技服务企业在市场立足阶段，往往立足于自身具有的专利和技术进行服务的开展和提供，这得益于企业具有较雄厚的科技知识资源，进而发挥企业服务市场的优势。此时，研发类科技服务企业需要具备知识嫁接能力，来最大限度地发挥科技服务企业在高校院所等技术创新源和市场之间的技术中介作用，同时还需要在国际范围内积极构建外部知识网络，发挥研发类科技服务企业在全球范围内与技术创新源之间的交互作用，从而拓宽科技服务企业科技知识资源，进一步增强科技服务企业的核心竞争力。金风科技成立于 1998 年，彼时中国的风电场大都是利用发达国家经济援助、低息贷款等方式投入建设的，当然发达国家投入这些项目的附加条件就是必须从援助国进口设备。因此当时风电设备几乎全部被发达国家公司垄断，设备价格也非常昂贵。当时，中国的风电场大多是通过发达国家的经济援助和低息贷款建设的。当然，发达国家投资这些项目是有附加条件的，那就是必须从捐助国进口设备。因此，发达国家基本全部垄断了当时的风电设备，并且进口设备的价格也非常高。在此背景下，国家开始重视国产大型风机的产业化，依托新疆风能公司开始开展大型风机自主研发任务。当时由包括金风科技董事长武钢作为项目组成员承担的 600 千瓦风电机组国产化项目被列入国家“九五”科技攻关项目。到 1998 年，项目组成员在武钢的带领下，组建了新疆新风科工贸有限公司，后来发展为金风科技，之后，公司经过刻苦钻研制造的首台 600 千瓦风电机组成功并网发电，标志着中国大型风机国产化的开始。因此，金风科技在起步阶段，正是充分利用了其创始人武钢对自主创新的高瞻远瞩，积极利用自身积累和国外引入的科技知识资源开展国产大型风机的研发，打破了发达国家公司在我国大型风机市场的垄断。此后，2001 年公司又从德国引进了 750 千瓦风电机组技术，并进一步进行产业化研发。2004 年，公司在国内市场的占有率已经达到了 20.13%，在国产机组中的市场份额更是高达 81.65%。正是得益于公司与国外创新主体合作从而进行大型风机国产化研发，金风科技快速占领了国内大型风机市场。

伴随着研发类科技服务企业市场占有率和竞争力的逐步提升，企业越来越注重服务知识的积累和优化，研发类科技服务企业通过与研究开发、检验检测、科技金融等服务链上其他服务主体进行协同，发挥其产业内耦合能力，最大限度地利用自身科技知识和服务知识进行服务提供。此时，和市场立足阶段相比，为了更好地发挥企业内部知识资源作用，需要建立良好的内部知识网络，同时营造良好的组织学习氛围实现企业内部知识在员工和组织之间的传递和共享，实现企业科技和服务知识的高效利用。2004 年，金风科技毅然决定放弃原有的双馈式技术，转向直驱永磁技术。这是因为公司研发人员认为双馈式技术有其内在缺陷，即齿轮箱容易发生故障，而直驱永磁技术则取消了齿轮箱，避免了故障的发生。虽然该技术被认为是有发展潜力的，但由于该技术尚不成熟，亟须进一步研发。与此同时，公司研发人员发现了一家德国研究所，该研究所专注于直驱永磁技术研究已有十余年时间，在兆瓦级风机直驱永磁技术领域具有全球领先地位。通过与其联合进行直驱永磁技术的研究与设计，2005 年，公司完成了 1.2 兆瓦直驱永磁样机的研制。同时，公司还通过与产业基金、融资租赁、供应链金融和财务公司等金融服务主体合作，为所服务对象定制金融服务，为其提供资金解决方案，进而提升自身服务水平。此外，金风科技高度重视知识产权保护，通过对接知识产权相关领域机构积极推进知识产权工作。2012 年，金风科技成功入选世界知名行业杂志《知识产权资产管理》授予的“中国知识产权倡导者”称号，成为国内风电领域唯一一家入选企业，标志着金风科技成为拥有世界级的知识产权创造、管理和开发模式的公司。同时公司高度重视对员工的教育和培训，通过全方位的培训教育体系，提高员工忠诚度和适应性，引导员工对金风科技的企业文化、价值观和组织目标产生强烈的认同感。通过每位员工的不断自我学习，员工及组织的核心竞争力也同步得到不断提升。

当研发类科技服务企业进入全面发展阶段时，企业除了和此前阶段一样，需要发挥自身知识创造能力之外，还需要充分对接市场需求，进一步加大对包括产品知识、工艺知识、运营知识等在内的市场知识的学习和累积，通过组建产业技术联盟或产学研创新联盟等方式，积极发挥其知识资源作用提升研发类科技服务企业知识转移和知识应用能力，确保创新技术商业化和市场化的顺利实施。2019 年，由金风科技和欧伏电气牵头 9 家公司成立的冷却技术创新联盟正是围绕当前风电市场的快速发展，针对风电行业冷却技术领域进行联合攻关的例子。此外，伴随着我国“双碳”政策的提出，金风科技积极对接市场需求，主动服务园区主体共同践行双碳目标的实现。例如，通过利用风电技术解决方案，公司助力福建三峡海上风电产业园区成为全国首个可再生能源“碳中和”工业园区。

5.5.2 服务知识主导的组态演化路径

服务知识主导的知识资本组态演化路径表现为从组态②到组态⑥再到组态⑦的演变规律，主要作用于平台类科技服务企业进行自身能力体系的构建与提升。平台类科技服务企业表现为高科技活动介入程度、高产业活动介入程度，通过与科技服务链条前后向建立紧密连接，保障科技创新在产业领域实现有效应用，包括检验检测、科技咨询和科技金融等服务领域，其知识资源表现为以服务知识为主导。代表性企业有浙大网新。

平台类科技服务企业在市场立足阶段，往往借助于企业的行业先入优势或者政府支持背景，利用企业设立之初注入的专利或特许服务等资源进行市场拓展，因此，在早期发展阶段，企业对服务知识和市场知识要求较高，一定程度上表现为企业的产业内耦合能力和市场对接能力。同时该类企业需要与服务链上其他服务主体建立紧密外部连接，充分利用其外部知识网络提升自身服务能力。浙大网新成立于 2001 年，公司成立之初就以“打造软件与网络业航母”为愿景，主动服务于国家在信息化建设方面的具体市场需求。同时，公司积极发挥其市场对接能力，早在 2003 年就与日本富士电机系统株式会社达成全面战略合作，围绕软件开发、制造、售后服务等方面展开紧密协作，从而打造对日软件新模式，通过与日本富士电机合作充分发挥公司在计算机应用领域的人才和技术优势，积极拓展日本市场，成为对日软件加工出口的主要力量。

在平台型科技服务企业服务增强阶段，企业对服务知识越来越重视，积极开展持续的中介服务知识、知识产权知识或关系知识等服务知识的累积，通过进一步发挥其前向耦合能力和后向耦合能力，各种平台类企业逐步与前后向服务网络建立起紧密连接。此外，在该阶段与研发类企业相同，也需要营造良好的组织学习氛围，同时须建立规范的知识管理制度，以促进知识在企业内部的转移和共享。公司持续重视与科技服务链条上其他主体及业务的交互，如 2017 年 4 月，与中信建投合作实施的“中信建投——网新建投庆春路隧道 PPP 项目资产支持专项计划”顺利上市发行，成为我国 PPP 项目资产证券化产品的试点示范案例。此外，浙大网新通过营造良好的内部学习氛围，有效整合了内部相关资源，让所有成员在同一信息平台上共享信息资源。由于公司是通过吸收合并浙江大学部分院系企业成立的，因此，公司内部知识管理制度相对规范，为公司各类知识资源积累和拓展提供了良好的制度环境。

伴随着平台类科技服务企业进入全面发展阶段，同时面临巨大市场竞争，该类科技服务企业对技术科学或工程技术等科技知识的提升同样越来越迫切。为了提升核心竞争力，企业需要具备创造新知识、在组织中扩散新知识，并将这些新知识融入产品和服务中的能力，即知识创造能力。同时，和服务增强阶段一样还需要继续重视服务知识和市场知识的拓展，从而进一步提升平台类企业的知识转移和应用能力。公司持续重视科技知识资源的开发和积累，与浙江大学计算机创新技术研究院等高能级创新平台深入合作建立业务生态系统，积极开展人工智能和数字化相关领域的关键技术研发和创新。此外，主动对接行业市场，积极开展人工智能和产业数字化相关创新技术的转化和应用。2021 年 5 月，公司与亿家健康达成战略合作，旨在充分发挥公司在人工智能技术、直播技术、互联网产品开发能力等优势，为亿家健康的三大业务提供全面的医疗资源支撑，完善和提升亿家健康的健康管理服务体系。

5.5.3 市场知识主导的组态演化路径

市场知识主导的知识资本组态演化路径表现为从组态③到组态⑤再到组态⑦的演变规律，主要作用于转移类科技服务企业进行自身能力体系的构建与提升。转移类科技服务企业是与产业活动具有高度共生关系的企业，能为技术转移、科技孵化等领域发展提供全方位的支持和服务，其知识资源表现为以市场知识为主导。代表性企业有昆山工研院。

转移类科技服务企业发展初期，一般需要充分利用其科技知识和市场知识进行科技服务提供，表现为知识嫁接能力和市场对接能力，此时，该类企业对服务知识的要求不高，企业的主要目标是尽快地通过与服务对象建立直接对接，高效快速地实现对自身科技知识资源的转移和应用，最大限度地占领市场。同时，需要企业建立良好的内部知识网络，以便于相关知识资源在组织内部快速流动，从而实现企业内部员工整体能力水平的提升，进而保证市场份额迅速扩大。昆山工研院于 2008 年由昆山市科技教育园区建设有限责任公司和昆山市工业资产经营有限责任公司共同出资组建，重点面向昆山特色产业，开展技术应用研发和公共技术服务活动。昆山工研院高度重视科技知识资源积累和拓展，2009 年与华中科技大学材料成形与模具技术国家重点实验室合作，组建昆山模具产业公共技术服务中心，主要为模具企业提供研发、检测、培训等技术服务，充分发挥高校院所创新技术源头的作用为工研院提供科技知识资源。

转移类科技服务企业进入发展中期后，除了对科技和市场知识有持续的依赖之外，开始对服务知识有迫切的需要，通过与创业孵化或技术转移等服务主体进

态⑦）、服务知识资源主导路径（组态②→组态⑥→组态⑦）、市场知识资源主导路径（组态③→组态⑤→组态⑦），这 3 条路径分别指导研发类、平台类和转移类科技服务企业的能力提升。本章明晰了科技服务企业知识资本对能力体系的作用机制，以演进视角揭示了不同类型的科技服务企业在整个生命周期中基于能力体系的知识资本组态的演化路径，为科技服务企业利用其知识资本动态调整能力体系提供了路径指引。

6 结论与展望

本章主要总结本研究的结论，并基于研究结论开展相关讨论，提出管理启示。同时提出本研究的主要创新点，分析本研究的局限，进而对未来研究提出展望。

6.1 研究结论

6.1.1 知识资本构成研究的结论

采用扎根理论方法对科技服务企业知识资本进行了探索性多案例研究，基于知识基础视角探析了科技服务企业知识资本的构成维度。研究发现，科技服务企业知识资本的构成可以包括科技知识资源、服务知识资源、市场知识资源、内部知识网络、外部知识网络、知识管理制度和组织学习氛围 7 个维度，进一步通过理论描述把 7 个维度归纳为知识资源、知识网络和结构资本 3 个核心范畴，进而构建了科技服务企业的知识资本组合模型。模型中所有知识资本要素都相互影响，共同作用于科技服务企业，而不是单独发挥作用。具体表现如下。

知识资源是科技服务企业的核心资源，是其获取领先核心竞争力的关键。从知识视角来看，科技服务企业知识资源体系可以由科技知识资源、服务知识资源和市场知识资源构成。其中科技知识资源作为研究开发类科技服务企业的主导知识资源，包括基础科学知识、技术科学知识和工程技术知识等；服务知识资源作为检验检测认证、知识产权、科技咨询等平台类科技服务企业的主导知识资源，包括信息服务知识、产权服务知识、关系服务知识等；市场知识资源作为技术转移、科技孵化类科技服务企业的主导知识资源，包括产品知识、工艺知识、设备知识和运营知识等。同时，不同类型的科技服务企业除了依托主导知识资源，还需要其他两种知识提供辅助作用。

科技服务企业知识资源体系的构建和优化需要企业充分利用内部知识网络和外部知识网络协同来实现。内部知识网络是建立在科技企业内部不同业务单元之间的网络结构；而外部知识网络是科技服务企业与创新链条上不同主体合作构成的网络结构。科技服务企业知识资源的构建和优化需要充分发挥两者的协同作用。

科技服务企业结构资本包括知识管理制度和组织学习氛围。科技服务企业为了最大限度地实现其知识资源的扩容，必须制定良好的知识管理制度，确保企业持续地发挥内外部知识网络作用，同时努力营造组织学习氛围，构建学习型组织，通过组织学习使企业更好地协调组织内外部环境之间的关系，进而提升企业服务能力和水平。

6.1.2 能力体系及演变规律研究的结论

采用扎根理论方法对科技服务企业能力体系进行了纵向双案例研究。研究发现，基于协同共生视角科技服务企业能力体系由跨产业联结能力、产业内耦合能力、全面协同能力和国际联接能力 4 种能力要素构成。具体表现如下。

跨产业联结能力是科技服务企业利用科技知识和市场知识进行科技服务提供的能力，包括知识嫁接能力和市场对接能力。产业内耦合能力是科技服务企业对服务链不同主体的整合能力，包括前向耦合能力和后向耦合能力。全面协同能力是科技服务企业通过建立协同创新网络，利用自身知识资本进行科技服务提供的能力，包括知识创造能力、知识转移能力和知识应用能力。国际联接能力是指科技服务企业在全球创新网络中开展技术引进和输出的能力，包括跨国界知识寻求能力和跨国界知识应用能力。

科技服务企业的能力体系各要素在能力体系中发挥出特定作用。其中，跨产业联结能力发挥了科技服务企业在知识创新和引领市场的基础作用；产业内耦合能力发挥了科技服务企业推动科技服务链条上下游耦合的核心作用；全面协同能力发挥了科技服务企业推动科技创新成果商业化和产业化的系统作用；而国际联接能力对上述 3 个能力都发挥了辅助性推动作用。

基于产业共生理论和科技服务企业在发展过程中对创新链条上科技活动与产业活动的介入程度的动态演变，把科技服务企业的发展阶段分为单向关联阶段、双向延伸阶段和双向共生阶段，进而识别出科技服务企业能力体系的演变规律，不同发展阶段企业能力体系会随之进行动态演化。表现为在单向关联阶段，跨产业联结能力是其主导能力，产业内耦合能力和国际联接能力为辅助能力；在双向延伸阶段，产业内耦合能力是其主导能力，跨产业联结能力和国际联接能力则为辅助能力；在双向共生阶段，全面协同能力为其主导能力，国际联接能力则为辅助能力。

6.1.3 知识资本与能力体系组态效应研究的结论

基于组态视角采用模糊集定性比较分析的组态分析法对科技服务企业知识资本对能力体系影响机理进行研究，通过分阶段开展组态分析，探索性识别出 7 个典型的知识资本组态以及 3 种组态演化路径。

任何单一的知识资本要素都难以对科技服务企业能力体系单独发挥作用。各发展阶段科技服务企业知识资本与能力体系的匹配组合均不是唯一的，且每个路径都是 5～7 个单一因素的组合。

揭示了知识资源和知识管理制度是科技服务企业能力提升的核心因素。随着科技服务企业能力体系的优化升级，科技知识资源、服务知识资源和市场知识资源的作用愈发显著。此外，科技服务企业成长到全面发展阶段时，良好的知识管理制度更能在企业内部营造知识生产和流动的最佳生态，进一步影响着企业知识资源的持续累积和优化。

从纵横两个维度分析，在不同发展阶段中的不同类型的科技服务企业知识资本和能力体系匹配组合呈现明显的 3 条演化路径，包括科技知识资源主导的演化路径、服务知识资源主导的演化路径、产业知识资源主导的演化路径，这 3 条演化路径来分别指导研发类科技服务企业、平台类科技服务企业和转移类科技服务企业的能力体系优化提升。

6.2 管理启示

科技服务企业知识资本的构建需要着重关注自身知识资源积累和扩展，不同类型科技服务企业对知识资源体系的打造可以有所侧重。2021 年新的《中华人民共和国科学技术进步法》修订通过，该法的实施旨在通过推动科技服务业的发展，提升我国科技创新能力。近年来，国内科技服务企业发展迅猛，为更好地适应市场需要，科技服务企业专业化程度越来越高。由于科技服务企业具有服务对象范围广泛并且专业性较强的特点，这就要求科技服务企业的知识储备比一般服务型企业更为扎实、宽泛。因此，为提升企业竞争力，科技服务企业须高度关注自身知识资源体系的构建和打造，最大可能实现对科技知识、市场知识和服务知识等知识资源的综合获取和利用。同时，不同类型的科技服务企业在其发展过程中对知识资源体系的构建也需要有所侧重。一般而言，研发类科技服务企业在市场立足阶段需要获取更多科技知识资源来建立竞争力，伴随着企业产业链后向延伸，可以通过逐步向服务知识资源和市场知识资源侧重来提升企业服务能力；而平台类科技服务企业则在市场立足阶段更多地需要市场知识资源，可以随着企业产业链前后向延伸来逐步提升企业服务能力；另外，转移类科技服务企业在市场立足阶段则需要利用科技知识资源和市场知识资源建立优势，企业产业链延伸对服务知识资源的要求越来越高。因此，科技服务企业从市场立足到全面发展的各阶段都需要不同知识资源的支撑，通过动态调整更好地发挥其知识资源体系的核心支撑作用。

此外，科技服务企业还须重视与科技活动、产业活动以及其他科技服务企业的协同共生，通过与外部知识网络中创新链条上不同主体建立联接来快速提升企业服务能力。同时，面对知识经济的挑战，科技服务企业还须重视自身内部的管理体制和运行机制，借助先进的管理方法和技术手段，最大限度地积累和拓展企业知识资源，建立完善的企业协同知识管理制度，通过构建学习型组织，充分利用内部知识网络促进企业内部成员间广泛交流，推动企业内部知识资源共享，提高科技服务企业服务能力。

科技服务企业需要关注能力体系的动态调整，不同发展阶段需要选择相匹配的支撑能力来提升自身服务绩效。随着技术的不断发展，科技服务行业出现了网络化发展趋势。科技服务日益向多元化、专业化、一站式方向发展，科技服务也从之前的点对点式服务转变为现在的集成化服务，从研发设计到沿创新链拓展布局。科技服务业处于产业链上游，具有高端、高技术、高附加值等特点，对传统产业转型升级具有强大的引领、带动作用，是推动经济向中高端水平迈进不可或缺的一环[248]。作为知识密集型的科技服务企业，能力体系是其核心竞争优势所在。为最大限度提升其服务能力，科技服务企业需要具备与其发展阶段相匹配的能力体系，这也意味着企业需要实现其能力体系的逐步升级，实现低阶能力向高阶能力的演变，具体表现为由跨产业联结能力和产业内耦合能力向全面协同能力的演化。因此，“中介型”“红娘型”技术中介机构已无法适应当前经济社会发展需要，科技服务企业应向综合化、产业化、网络化和社会化发展，需要覆盖知识生产、转移与应用的全链条。同时，伴随着企业的持续发展，科技服务企业应该愈发重视外部创新网络构建，与其他创新主体协作，协同打造包括知识生产、转移和应用在内的全面协同能力。例如，近年来，越来越多的技术促进机构开始向创新活动的中上游转移，表现为直接参与大学或研究机构的创新活动，并在研发初期与大学或研究机构建立密切的合作关系。

此外，在开放竞争环境下，科技服务企业还应充分认识到国际联接能力在企业发展过程中的催化作用，重视对国内外两个市场和两种资源的综合利用。研发类科技服务企业可以积极发挥国际知识寻求效应；平台类科技服务企业则需要重视与国外创新主体的国际合作；而转移类科技服务企业则要积极发挥国际知识利用效应。

科技服务企业不同发展阶段除了需要匹配不同的能力体系外，不同类型企业也需要匹配相应的知识资本组合，找到适合自身发展的模式和路径。

由于科技服务企业能力体系的优化和升级不可能仅仅依靠科技知识资源、服务知识资源、市场知识资源、内部知识网络、外部知识网络、知识管理制度和组织学习氛围中的任一知识资本要素就能实现，其能力体系的提升需要不同知识资本要素的多种匹配组合。知识资源、知识网络和结构资本这三类要素在提升科技服务企业能力体系过程中都是至关重要的。只不过不同发展阶段或不同类型的企业对知识资本组合的要求存在差异，但也遵循了一定的发展规律。

科技服务企业知识资本与能力体系组态效应研究显示，知识资本作用于能力体系是一项复杂行为。因此，要实现科技服务企业能力体系的优化提升可以组合不同知识资本的作用，当企业采取不同的知识资本组合时，其发挥作用的路径也不一样，但最终都会实现企业能力体系升级。研发类科技服务企业可以重点关注科技知识资源，同时发挥知识网络和结构资本的作用来逐步提升自身能力体系层级；平台类科技服务企业则可以重点关注以服务知识资源为主导的知识资本组合；转移类科技服务企业则可以重点采用以市场知识资源为主导的知识资本组合。

6.3 创新点

创新点一，本书基于知识基础视角揭示了具有知识密集性和高度专业性特征的科技服务企业知识资源体系的构成，明晰了科技服务企业知识资本的微观构成，进一步拓展了知识资本理论在科技服务领域的应用情境，为科技服务企业构建知识资源体系进而利用知识资本提升自身竞争力提供了理论依据。

知识资本理论认为知识资本构成了企业的核心能力，企业拥有核心能力就能持续地开发新技术和新产品，不断开拓市场、创造利润。但实践中不同类型企业对知识资本的需求存在差异，且对知识资本的概念本身尚未达成统一共识，因此，很难对企业知识资本的构成给出普适性的框架。现有研究也在一定程度上忽略了行业企业的差异性，对科技服务企业的知识资本也鲜有涉及。鉴于此，本书利用程序化扎根理论方法对科技服务企业开展多案例研究，聚焦科技服务企业知识资本的构成和作用机制。在理论层面，本书基于知识视角识别了科技服务企业的知识资源体系，包括科技知识资源、服务知识资源和市场知识资源，在此基础上构建了以知识资源、知识网络和结构资本为核心范畴的科技服务企业知识资本组合模型，拓展了知识资本在科技服务领域的应用情境，一定程度上丰富了知识资本理论。

在实践层面，科技服务企业具有有别于其他类型企业的知识密集性和高度专业性特征，其服务活动中也表现出多主体参与的复杂性，故对知识资本的要求具有显著的行业差异性，尤其是对知识资源体系打造要求更为全面和系统。因此，本书为科技服务企业通过构建企业内部完善的知识管理制度和良好的组织学习氛围，合理利用其内外部知识网络来连接组织内和跨组织的知识库，动态优化知识资源体系，进而打造企业知识资本提供了理论指导。

创新点二，本书基于共生和协同视角揭示了契合科技服务企业功能作用特征的能力体系构成维度，依托产业共生理论识别了科技服务企业的“单向关联—双向延伸—双向共生”的发展阶段，明晰了科技服务企业不同发展阶段能力体系的动态演变规律，为科技服务企业基于生命周期打造自身能力体系提供了决策依据。

企业能力理论表明企业必须掌握核心资源或具备核心能力才能形成企业的差异化竞争进而促进企业绩效的持续增长。当面临动态竞争环境时，企业固有的核心能力有可能导致企业创新的路径依赖，从而导致企业竞争优势的丧失。因此，企业需要根据外部环境变化动态调整其核心能力。科技服务企业作为利用专业知识为科学技术产生、应用提供智力服务的机构，其能力体系与生产制造类和商务服务类企业有明显的差异。科技服务企业需要通过连接知识链和产业链进而提供服务活动，因此与创新链、服务链和产业链上不同主体的共生协同至关重要。在理论层面，本书基于产业共生理论和协同创新理论，识别了科技服务企业能力体系的构成，构建了由跨产业联结能力、产业内耦合能力、全面协同能力和国际联接能力组成的科技服务企业能力组合模型，同时从“动态观”视角明晰了科技服务企业能力体系的演变规律，识别出科技服务企业在单向关联阶段以跨产业联结能力为主导能力、在双向延伸阶段以产业内耦合能力为主导能力、在双向共生阶段以全面协同能力为主导能力的演变规律，在一定程度上丰富了企业能力理论。

在实践层面，科技服务业和制造业融合趋势愈发明显，越来越多的制造业企业开始采取“研发 + 总部”模式来逐步向服务企业转型，如前文提到的金风科技、陕鼓集团等。这些集团总部除了通过全面协同能力的打造为集团内部企业做好服务支持，还向集团外部提供定制化服务。因此，单纯发挥联结科技和经济“桥梁”作用的科技中介机构已无法适应当前科技和产业创新发展需要，科技服务企业应力求覆盖知识生产、转移与应用的科技服务全链条，才能在市场中持续保持竞争优势。本书为科技服务企业基于自身发展战略的调整，以及外部竞争环境的变化，通过重视外部创新网络构建进行能力体系动态调整升级提供了决策依据。

创新点三，本书从组态视角识别了科技服务企业知识资本和能力体系的不同组态，揭示了科技服务企业作用于能力体系的知识资本组态演化路径，有助于完善科技服务企业知识资本对能力体系影响机理的认知，拓展了知识资本与能力体系影响机理研究的新视角，为科技服务企业利用知识资本动态调整能力体系提供了路径指引。

现有研究表明，由于科技服务企业知识资本和能力体系各自构成的复杂性，要揭示科技服务企业的知识资本对能力体系的影响机理，运用常规统计方法分析远远不够，需要基于组态思维探究多种因素匹配组合的共同作用。因此，本书基于组态视角利用模糊集定性比较分析方法分阶段对科技服务企业能力体系与知识资本组合进行组态分析。在理论层面，研究识别出科技服务企业能力体系与知识资本的 7 种典型组态，从动态视角揭示了科技服务企业基于能力体系的知识资本组态呈现出 3 种明显的演化路径。研究发现，不同类型的科技服务企业在其生命周期发展过程中可以匹配相应的知识资本组合，明晰了科技服务企业利用知识资本提升自身服务能力的 3 种模式及演化路径。本书一定程度上打开了科技服务企业知识资本对能力体系作用机制的认知“黑箱”。

在实践层面，囿于企业规模和所处网络，科技服务企业在自身知识资源体系和知识资本打造中可能难以面面俱到。因此，科技服务企业可以根据具体的实践情境，挑选最适合本企业能力体系提升发展的知识资本组态演化路径。例如，研发类科技服务企业可以遵循科技知识资源主导的演化路径（组态①→组态④→组态⑦），在单向关联阶段采用知识资本组态①，在双向延伸阶段采用组态④，而双向共生阶段则采用组态⑦来提升其自身能力。因此，本书为科技服务企业高效利用知识资本构建高能级能力体系提供了路径指引，为不同类型科技服务企业通过构建自身知识资源体系进而打造匹配能力体系的知识资本提供了决策依据。

6.4 局限与展望

本书在探究科技服务企业知识资本、能力体系以及知识资本对能力体系的影响机理方面做了一系列研究，总结出具有一定理论价值与实践意义的研究结论，但限于作者个人能力、研究条件等因素，仍存在一些不足之处，有待在未来研究中得到修正和完善。

首先，研究样本有待进一步扩展和细化。本书在科技服务企业知识资本对能力体系影响机理研究过程中选取了42家样本企业，虽然研究遵循案例研究样本选取的基本原则，但也存在是否能够代表更大范围科技服务企业的问题；此外，关于样本所属细分领域，从研究开发、技术转移、检验检测认证、创业孵化、知识产权、科技咨询、科技金融等领域进行了样本抽取，并且在抽样过程中也注意了样本选取领域的多样性，但存在来自这些领域的研究发现能否代表我国科技服务企业知识资本对能力体系影响的一般规律的问题。在未来研究中，可以通过扩大样本量，从更大范围来对本书进一步验证。

其次，研究方法方面有待进一步拓展。本书主要采用案例研究方法，包括多案例研究、纵向双案例研究以及基于案例样本的组态分析等方法。虽然本书采用了程序化扎根理论方法对案例文本进行了严谨分析，并采用基于中小样本的定性比较分析法，尽可能降低研究者的偏见和案例研究的主观性，但是受案例研究方法固有范式所限，研究结论的普适性可能存在一定偏差。在未来研究中，可以尝试使用样本规模更大、覆盖范围更广的定量研究方法进行实证性检验。

最后，本书在分析层面上有待进一步延伸。本书聚焦科技服务企业知识资本和能力体系以及两者的组态关系分析，采用“知识资本—能力体系”的研究范式，对科技服务企业知识资本对能力体系的影响机理进行研究，为科技服务企业能力体系的构建和提升提供路径参考和理论依据。但在复杂多变的外部环境下科技服务企业能力提升能否必然带来绩效的提升还需要进一步探讨。此外，本书只考虑了因素之间的“净效应”，而没有考虑其调节和中介变量，而调节变量可以澄清现有研究的限制条件和适应范围，中介变量也可以进一步解释不同情况下知识资本对能力体系的作用机制。因此，为了使科技服务企业的知识资本与能力体系相匹配，进一步提高科技服务企业绩效，未来研究可以采用“资本—能力—绩效”研究范式，同时考虑外生变量，进一步对科技服务企业知识资本、能力体系和绩效关系进行深入探讨。

参考文献

[1] 王智毓，冯华．科技服务业发展对中国经济增长的影响研究[J]. 宏观经济研究，2020(6):102–113，121.

[2] Chesbrough H W. Open innovation [M]. Boston: Harvard Business School Press, 2003.

[3] Centobelli P, Cerchione R, Esposito E. Aligning enterprise knowledge and knowledge management systems to improve efficiency and effectiveness performance: a three-dimensional Fuzzy-based decision support system[J]. Expert Systems with Applications, 2018, 91(1):107–126.

[4] 张永云，郭鹏利，张生太．失败学习与商业模式创新关系：知识管理与环境动态性的影响[J]. 科研管理，2021,42(11):90–98.

[5] Latilla V M, Frattini F, Petruzzelli A M, et al. Knowledge management, knowledge transfer and organizational performance in the arts and crafts industry: a literature review[J]. Journal of Knowledge Management, 2018,22(6):1310–1331.

[6] Galbraith J K. Recent economic policy: the deeper perspective[J]. Sam Advanced Management Journal, 1972,37(4): 13–21.

[7] Griliches Z. Issues in assessing the contribution of R&D to productivity growth [J]. The Bell Journal of Economics, 1979,10(1): 92–116.

[8] Goh T. Intellectual capital: the new wealth of organization[J]. International Journal of Manpower, 2000, 21(1):60–70.

[9] 张雯，吴福象．财政科技资助、知识资本禀赋与区域创新绩效[J]. 经济问题探索，2021(4):27–36.

[10] Hejna M. How intellectual capital predicts innovation output in EU

regions: implications for sustainable development[J]. Sustainability, 2021,13(1):1-26.

[11] 喻登科，祁馨逸．基于知识密集型服务业的知识资本、性格特质与组织绩效关系实证 [J]. 软科学，2018,32(7):133-138.

[12] Bontis N. There's a price on your head: managing intellectual capital strategically[J]. Business Quarterly, 1996,60(4):40-47.

[13] Bontis N, Keow W C, Richardson S. Intellectual capital and business performance in Malaysian industries[J]. Journal of Intellectual Capital, 2000,1(1):85-100.

[14] Tawy N E, Tollington T. Intellectual capital: literature review[J]. International Journal of Learning & Intellectual Capital, 2012, 9(3):241-259.

[15] 陈怀超，卢彦丞，丛贞，等．知识型服务企业员工与客户隐性知识共享的系统动力学研究 [J]. 管理评论，2020,32(2):127-138.

[16] Barney J B. Firm resources and sustained competitive advantage [J]. Journal of Management, 1991, 17(1): 3-10.

[17] 王淑敏．企业能力如何"动""静"组合提升企业绩效：能力理论视角下的追踪研究 [J]. 管理评论，2018,30(9):121-131.

[18] 许庆瑞，李杨，刘景江．结合制造与服务逻辑发展企业创新能力：基于海尔集团的纵向案例研究 [J]. 科研管理，2020,41 (1):35-47.

[19] 金昕，陈松．知识源战略、动态能力对探索式创新绩效的影响：基于知识密集型服务企业的实证 [J]. 科研管理，2015,36(2):32-40.

[20] 彭新敏，刘电光，徐泽琨，等．基于技术追赶过程的后发企业能力重构演化机制研究 [J]. 管理评论，2021,33(12):128-136.

[21] Li H M, Zhang Q P, Zheng Z L. A mediating effect of knowledge integration and moderating effect of organizational task environment [J]. Enterprise Information Systems, 2019,13 (9):1323-1346.

[22] Huang H, Chen J, Yu F, et al. Establishing the enterprises' innovation ecosystem based on dynamics core competence—the case of

China's high-speed railway [J]. Emerging Markets Finance & Trade, 2019,55 (4):843-862.

[23] Ren S, Song Z. Intellectual capital and firm innovation: incentive effect and selection effect[J]. Applied Economics Letters, 2020(1):1-7.

[24] 王祥，韩周．创新体系五力模型原理及方法[J]. 中国软科学，2019(4):142-151.

[25] Krupskaya A, Pina K O. Towards identifying knowledge bases in KIBS through their service development process[J]. Foresight, 2022,24(1):55-74.

[26] Dariel B. The coming of post-industrial society: a venture in social forecasting [J]. Social Service Review, 1974, 48(2):286-288.

[27] Miles I, Kastrinos N. Knowledge-intensive business services: users, carriers and sources of innovation[J]. Second National Knowledge Infrastructure, 1998, 44(4): 100-128.

[28] Hertog P D. Knowledge intensive business services as co-producers of innovation [J]. International Journal of Innovation Management, 2000, 4(4):491-528.

[29] Muller E, Zenker A. Business services as actors of knowledge transformation: the role of KIBS in regional and national innovation systems [J]. Research Policy, 2001, 30(9):1501-1516.

[30] Bohn T. Knowledge intensive business services in regional systems of innovation-initial results from the case of Southeast-Finland [J]. Manufacturing Automation, 2003, 36(11):102-115.

[31] Hershberg E, Nabeshima K,Yusuf S. Opening the ivory tower to business: university-industry linkages and the development of knowledge-intensive clusters in Asian cities [J].World Development, 2007(6):931-940.

[32] 王立英，董兴林，马媛．高校科技成果转化过程中的风险识别与度量[J]. 科技管理研究，2008(6):186-188.

[33] 李正风．从“知识分配力”看科技中介机构的作用与走向[J]. 科学学研究，2003(4):405-408.
[34] 方炜，郑立明，王莉丽．改革开放40年：中国技术转移体系建设之路[J]. 中国科技论坛，2019(4):17-27.
[35] 桂嘉伟，吴群琪．新三板科技服务企业融资效率与财务风险研究[J]. 科技进步与对策，2019,36(12):115-124.
[36] 王宏起，李莹莹，王珊珊．科技服务业集聚结构特征与区位因素研究[J]. 科研管理，2022,43(10)：24-32.
[37] 王霄琼，马婧．多维度视角下科技服务业促进创新的机制研究[J]. 科学管理研究，2021,39(5):49-55.
[38] 姚鑫．江苏省科技服务业的现状及问题研究[J]. 江苏科技信息，2013(23):9-10.
[39] 陆洋，韩顺平．科技服务业系统功能研究[J]. 技术经济与管理研究，2009(2):33-35,42.
[40] 西桂权，魏晨，付宏．面向科技服务业的四螺旋协同创新发展模型研究[J]. 科技管理研究，2020，40(23):31-37.
[41] Muller E,Doloreux D. What we should know about knowledge-intensive business services [J]. Technology in Society，2009,31(1):64-72.
[42] Meeteren M V，Trincado M F，Rubin T H，et al. Rethinking the digital transformation in knowledge-intensive services：a technology space analysis[J].Technological Forecasting and Social Change，2022,179(6):1-14.
[43] 冯文娜，刘如月．互动导向、战略柔性与制造企业服务创新绩效[J]. 科研管理，2021,42(3):80-89.
[44] 孙颖，毛维，张家顺，等．科技服务企业网络能力对服务创新能力的影响研究：组织学习能力的调节作用[J]. 河北工业大学学报（社会科学版），2020,12(4):16-25.
[45] Grant R M. Toward a knowledge-based theory of the firm[J].

Strategic Management Journal, 1996,17(2):109-122.

[46] 杨蕙馨，孙芹，王海花．知识网络动态性对高校协同创新绩效的影响研究：合作网络的调节作用[J]. 经济与管理研究，2022,43(10):68-80.

[47] 黄向荣，曾江洪，刘诗绮．创业企业众筹的社会网络、知识资源与融资绩效[J]. 中南大学学报（社会科学版），2021,27(1):101-111.

[48] Annane A, Bellahsene Z, Azouaou F, et al. Building an effective and efficient background knowledge resource to enhance ontology matching[J]. Journal of Web Semantics, 2018,51(8):51-68.

[49] Burton M D, Jesper B S, Beckman C M. Coming from good stock: career histories and new venture formation[J]. Research in the Sociology of Organizations,2002,19(7):229-262.

[50] Saviotti P P. On the dynamics of generation and utilization of knowledge: the local character of knowledge[J]. Structural Change and Economic Dynamics,2007,18(4):387-408.

[51] 贾依帛，苏敬勤，马欢欢，等．全球价值链嵌入下隐形冠军企业知识权力演化机理研究[J]. 南开管理评论，2022,25(3):62-74.

[52] 程东全，顾锋，耿勇．服务型制造中的价值链体系构造及运行机制研究[J]. 管理世界，2011,219 (12):180-181.

[53] Dew N, Velamuri S R, Venkataraman S. Dispersed knowledge and an entrepreneurial theory of the firm [J]. Journal of Business Venturing, 2004,19(5): 659-679.

[54] Batjargal B, Liu M. Entrepreneurs' access to private equity in China: the role of social capital [J]. Organization Science, 2004,15(2):159-172.

[55] Morse E A, Fowler S W, Lawrence T B. The impact of virtual embeddedness on new venture survival: overcoming the liabilities of newness[J]. Entrepreneurship Theory and Practice, 2007,31(2):139-159.

[56] Baraldi E, Havenvid M I, se Linné , et al. Start-ups and networks:

interactive perspectives and a research agenda[J]. Industrial Marketing Management, 2018,80(7):58-67.
[57] Saxena N K, Das S. Competitive pressure and the moderating role of the knowledge network on internationalization intent of Indian State-owned Enterprises[J]. IIM Kozhikode Society & Management Review, 2021,11(1):47-61.
[58] Sharda R, Frankwick G L, Turetken O. Group knowledge networks: a framework and an implementation[J]. Information Systems Frontiers,1999,1(3):221-239.
[59] Seufert A, Von Krogh G, Back A. Towards knowledge networking[J]. Journal of Knowledge Management, 1999,3(3):180-190.
[60] Oyelaran-Oyeyinka B. Knowledge networks and technological capabilities in the African manufacturing cluster[J]. Science, Technology and Society, 2003,8(1):1-23.
[61] Yayavaram S, Ahuja G. Decomposability in knowledge structures and its impact on the usefulness of inventions and knowledge-base malleability[J]. Administrative Science Quarterly, 2008, 53(2):333-362.
[62] Phelps C, Heidl R,Wadhwa A.Knowledge, networks, and knowledge networks: a review and research agenda [J]. Journal of Manageme nt,2012,38(4):1115-1166.
[63] 王铮，马翠芳，王露，等．知识网络动态与政策控制(I):模型的建立[J].科研管理，2001(3):126-133.
[64] 赵艺璇，成琼文．知识网络嵌入、知识重组与企业中心型创新生态系统价值共创[J].经济与管理研究，2021,42(10):88-107.
[65] Mannayong J, Haerul H. Analysis of employee competency development at the corporate headquarters of makassar raya makassar city market [J]. Journal Administrate, 2019,6(2):137-144.
[66] Bhagat R S, Kedia B L, Harveston P D, et al. Cultural variations in the cross-border transfer of organizational knowledge: an integrative

framework[J]. Academy of Management Review, 2002, 27(2):204–221.
[67] Garcia–Perez A,Ghio A,Occhipinti Z, et al. Knowledge management and intellectual capital in knowledge–based organizations: a review and theoretical perspectives [J].Journal Of Knowledge Management, 2020, 24(7):1719–1754.
[68] Wiig K M. Knowledge management in public administration[J]. Journal of Knowledge Management, 2002, 6(3):572–575.
[69] Bassi L. Harnessing the power of intellectual capital [J].Training & Development, 1997,51(12): 25–30.
[70] 乌家培．谈信息经济与知识经济 [J]. 情报资料工作，1998(4):3–7.
[71] Siahtiri, Vida. Innovation at the service encounter in knowledge intensive business services: antecedents and boundary conditions [J]. Journal of Product Innovation Management,2018,35(5):742–762.
[72] 曹兴，罗会华．企业知识状态：企业竞争优势的一种理论解析 [J]. 中国软科学，2005(11):124–129.
[73] Doloreux D, Shearmur R, Rodriguez M. Determinants of R&D in knowledge–intensive business services firms [J]. Economics of Innovation and New Technology, 2016, 25(4):391–405.
[74] Chichkanov N, Miles I, Belousova V. Conditions for innovation in KIBS: evidence from Russia [J].Service Industries Journal, 2019, (5):1–23.
[75] 王宏起，王冕，李玥．生态关系视角下区域科技服务业构成及持续发展研究 [J]. 中国科技论坛，2021(1):117–126.
[76] 蔺雷，吴家喜，王萍．科技中介服务链与创新链的共生耦合：理论内涵与政策启示 [J]. 技术经济，2014,33(6):7–12,25.
[77] 孙颖，梁蕾，毛维．中国科技服务企业创新有效性水平测度与省际比较：基于三维并进视角 [J]. 科技管理研究，2022,42(7):94–102.
[78] 李丽娟，宋涛．研究型组织知识管理体系研究 [J]. 科技管理研究，2013,33(17):136–139,144.

[79] 孙颖，毛维，张家顺，等．科技服务企业网络能力对服务创新能力的影响研究：组织学习能力的调节作用[J]. 河北工业大学学报(社会科学版)，2020,12(4):16-25.

[80] Naqshbandi M M, Tabche I. The interplay of leadership, absorptive capacity, and organizational learning culture in open innovation: testing a moderated mediation model[J]. Technological Forecasting and Social Change, 2018, 133(8):156-167.

[81] Chiesa V, Coughlan P, Voss C A. Development of a technical innovation audit[J]. Journal of Product Innovation Management, 2010,13(2):105-136.

[82] Barney J B. Firm resources and sustained competitive advantage [J]. Journal of Management, 1991,17(1):199-120.

[83] Van L K, Heene A. Social networks as a source of competitive advantage for the firm [J].Journal of Workplace Learning, 2003,15(6):248-258.

[84] Ritter T, Gemünden H G. Network competence: its impact on innovation success and its antecedents [J].Journal of Business Research, 2003,56(9):745-755.

[85] Acosta A S,Crespo A H, Agudo J C. Effect of market orientation, network capability and entrepreneurial orientation on international performance of small and medium enterprises (SMEs)[J]. International Business Review, 2018,27(6):1128-1140.

[86] 姜骞，唐震．"资源－能力－关系"框架下网络能力与科技企业孵化器服务创新绩效研究：知识积累的中介作用与知识基的调节作用[J]. 科技进步与对策，2018,35(5):126-133.

[87] Normann R, Ramirez R R. From value chain to value constellation: designing interactive strategy [J].Harvard Business Review, 1993, 71(4):65-77.

[88] Martini A, Massa S, Testa S. The role of social software for

customer co-creation: does it change the practice for innovation?[J]. International Journal of Engineering Business Management, 2018, 4(22):1-10.

[89] Muller E, Zenker A. Business services as actors of knowledge transformation: the role of KIBS in regional and national innovation systems [J].Research Policy, 2001, 30(9):1501-1516.

[90] 周文辉 . 知识服务、价值共创与创新绩效 : 基于扎根理论的多案例研究 [J]. 科学学研究 ,2015,33(4): 567-573,626.

[91] 邹炎，王涛，任荣 . 企业能力体系的动态演化分析 [J]. 华东经济管理 ,2010, 24(11):95-98.

[92] Riahi-Belkaoui A. Intellectual capital and firm performance of U.S. Multinational Firms: a study of the resource-based and stakeholder views [J]. Journal of Intellectual Capital, 2002,4(2):215-226.

[93] Alipour S, Moghaddam A G, Hajeb H R. An investigation of intellectual capital impact on companies' market value and financial performance [J].Research Journal of Finance and Accounting, 2015,6(13):172-179.

[94] Agostini L, Nosella A, Filippini R. Does intellectual capital allow improving innovation performance? A quantitative analysis in the SME context [J]. Journal of Intellectual Capital, 2017, 18(2):400-418.

[95] Sawir R A, Imas S, Hilmiana H,et al. Determinant factor of intellectual capital for improving public sector innovation: an empirical study from Indonesia [J]. The Journal of Asian Finance, Economics and Business, 2021,12(8):132-143.

[96] Holton E F, Yamkovenko B. Strategic intellectual capital development: a defining paradigm for HRD?[J]. Human Resource Development Review, 2008,7(3):270-291.

[97] Cepeda G, Vera D. Dynamic capabilities and operational capabilities: a knowledge management perspective [J]. Journal of Business

Research, 2007,60(5):426-437.

[98] Subramaniam M, Youndt M A. The influence of intellectual capital on the types of innovative capabilities[J]. Academy of Management, 2005,48(3):450-463.

[99] Tseng K A, Lin C I, Yen S W, et al. Contingencies of intellectual capitals and financial capital on value creation: moderation of business cycles[J]. Journal of Intellectual Capital, 2015,16(1):156-173.

[100] 梁阜，张志鑫．外部知识搜索及其双元性的创新效应研究[J]. 情报杂志，2019,38(1):171-179, 86.

[101] 吴松强，黄盼盼，曹新雨．企业关系资本、知识共享与企业创新能力：基于先进制造业产业技术联盟的实证研究[J]. 科学管理研究，2021,39(1):123-131.

[102] 武博，闫帅．知识型企业智力资本对知识创新绩效的影响研究：兼论组织学习能力的中介作用[J]. 求索，2011(9):84-86.

[103] 金水英，吴应宇．知识资本对高技术企业发展能力的贡献——来自我国高技术上市公司的证据[J]. 科学学与科学技术管理，2008(5):117-121.

[104] 夏文娟．基于企业生命周期的智力资本对企业创新的影响研究[D]. 合肥：合肥工业大学，2020.

[105] 于旭，项亚男．科技智库动态知识服务能力体系研究[J]. 情报科学，2022,40(4):64-70,89.

[106] 姚艳虹，孙芳琦，陈俊辉．知识结构、环境波动对突破式创新的影响：知识动态能力的中介作用[J]. 科技进步与对策，2018,35(10):1-8.

[107] Sullivan E P. Developing a model for managing intellectual capital [J]. European Management Journal, 1996, 14(4):358-364.

[108] Edvinsson L, Sullivan P. Developing a model for managing intellectual capital[J]. 1996, 14(4): 356-364.

[109] Stewart T A. Brainpower: how intellectual capital is becoming America's most valuable asset[J]. Fortune,1994,10(3):34-42.

[110] Dzinkowski R. The measurement and management of intellectual capital: an introduction [J]. Management Accounting Magazine for

Chartered Management Account, 2000,78(2):32-36.
[111] Edvinsson L. Developing intellectual capital at Skandia[J]. Long Range Planning, 1997, 30(3):366-373.
[112] Sveiby K E. The intangible assets monitor [J]. Journal of Human Resource Costing & Accounting, 1997,2(1):73-97.
[113] 胡汉辉，沈群红．西方知识资本理论及其运用[J]. 经济学动态，1998(7):40-45.
[114] Abdulaali A R. The impact of intellectual capital on business organization[J]. Academy of Accounting and Financial Studies Journal, 2018,22(6):1-16.
[115] 吴中伦．企业知识资本的内涵界定与结构划分[J]. 企业经济，2011,30(6):31-34.
[116] 王勇，许强，许庆瑞．智力资本及其测度研究[J]. 科研管理，2002(4):89-95.
[117] 陈伟，陈银忠，杨柏．制造业服务化、知识资本与技术创新[J]. 科研管理，2021,42(8):17-25.
[118] 程惠芳，陈超．开放经济下知识资本与全要素生产率：国际经验与中国启示[J]. 经济研究， 2017,52(10):21-36.
[119] 葛顺奇，陈江滢，罗伟．知识资本和中国企业国际投资的模式选择[J]. 南开经济研究，2022(2):3-20.
[120] Cenciarelli V G, Greco G, Allegrini M, et al. Does intellectual capital help predict bankruptcy?[J]. Journal of Intellectual Capital, 2018,19(2):321-337.
[121] Vaz C R, Paulo Maurício Selig, Viegas C V. A proposal of intellectual capital maturity model (ICMM) evaluation[J]. Journal of Intellectual Capital, 2018,20(2):208-234.
[122] 谷奇峰，丁慧平．企业能力理论研究综述[J]. 北京交通大学学报（社会科学版），2009,8(1):17-22.
[123] Barney J B. Firm resources and sustainable competitive advantage [J].

Journal of Management, 1991,17(1):99–120.

[124] Prahalad C K, Hamel G. The core competence of the corporation[J]. Strategic Learning in a Knowledge Economy, 2000(3):3–22.

[125] Allee V. The knowledge evolution: expanding organizational intelligence [J].Boston: Butterworth–Heinemann, 1997,51(11):71–74.

[126] Teece D J, Shuen P A. Dynamic capabilities and strategic management [J].Strategic Management Journal, 1997, 18(7):509–533.

[127] 陈劲，尹西明．建设新型国家创新生态系统加速国企创新发展[J]. 科学学与科学技术管理，2018,39(11):19–30.

[128] 胡查平，汪涛，朱丽娅．制造业服务化绩效的生成逻辑：基于企业能力理论视角[J]. 科研管理，2018, 39(5):129–137.

[129] Chester F. How to sell services more profitably[J]. Harvard Business Review, 2008, 86(5): 90–98.

[130] 战睿，王海军，孟翔飞．基于核心能力的企业创新生态系统构建：中集案例研究[J]. 中国科技论坛，2022(3):109–119.

[131] 王淑敏．企业能力如何“动”“静”组合提升企业绩效：能力理论视角下的追踪研究[J]. 管理评论，2018,30(9):121–131.

[132] Helfat C E, Peteraf M A. Understanding dynamic capabilities: progress along a developmental path [J].Strategic Organization,2009,7(1): 91–102.

[133] Vijaya S M, Ganesh L S, Marathe R R. Dynamic capabilities[J]. European Business Review, 2019, 31(1):25–63.

[134] Frosch R A, Gallopoulos N E. Strategies for manufacturing [J]. Scientific American, 1989, 261 (3):144–152.

[135] Boons F, Chertow M, Park J, et al. Industrial symbiosis dynamics and the problem of equivalence: proposal for a comparative framework[J]. Journal of Industrial Ecology, 2017,21(4):938–952.

[136] 胡晓鹏．产业共生：理论界定及其内在机理[J]. 中国工业经济，2008(9):118–128.

[137] 刘长灏，叶瑾汶，崔华，等．产业共生系统演进问题的研究[J]. 环境保护科学，2019,45(1):9−13.

[138] Wahrlich J, Simioni F J. Industrial symbiosis in the forestry sector: a case study in southern Brazil[J]. Journal of Industrial Ecology, 2019, 23(6):1470−1482.

[139] Ehrenfeld J. Industrial ecology: a new field or only a metaphor[J]. Journal of Cleaner Production, 2004, 12(8):825−831.

[140] Harfeldt-Berg L, Broberg S, Ericsson K. The importance of individual actor characteristics and contextual aspects for promoting industrial symbiosis networks[J]. Sustainability, 2022, 14(9):1−21.

[141] Jacobsen N B. Industrial symbiosis in kalundborg, denmark: a quantitative assessment of economic and environmental aspects [J]. Journal of Industrial Ecology, 2010, 10(1):239−255.

[142] Taddeo R, Simboli A, Morgante A, et al. The development of industrial symbiosis in existing contexts. Experiences from three Italian clusters [J].Ecological Economics, 2017(139):55−67.

[143] Ehizuelen M, Abdi H O. Sustaining China-Africa relations: slotting Africa into China's One Belt, One Road initiative makes economic sense [J].Asian Journal of Comparative Politics, 2018, 3(4):285−310.

[144] Saraceni A V, Resende L M, Paulo D. Pilot testing model to uncover industrial symbiosis in Brazilian industrial clusters[J]. Environmental Science & Pollution Research International, 2017, 24(12):11618−11629.

[145] 王剑华，马军伟，洪群联．促进战略性新兴产业与金融业共生发展[J]. 宏观经济管理，2017(4):24−28.

[146] 王如忠，郭澄澄．基于共生理论的我国产业协同发展研究：以上海二、三产业协同发展为例[J]. 产业经济评论，2017,22(5):44−54.

[147] Teirlinck P, Spithoven A. The spatial organization of innovation: open innovation, external knowledge relations and urban structure [J].

Regional Studies, 2008, 42(5):689-704.

[148] 孟方琳，田增瑞，赵袁军，等．公司创业投资的共生演化与培育机制研究[J]. 科学学研究，2022,40(4):684-694.

[149] 王海军，祝爱民．产学研协同创新理论模式：研究动态与展望[J]. 技术经济，2019,38(2):62-71.

[150] Haken H. Synergetics: From Physics to Economics[M]. Cambridge: Cambridge University Press,2002.

[151] Gloor P A. Swarm Creativity: Competitive Advantage Through collaborative Innovation Network[M]. Oxford: Oxford University Press,2006.

[152] Behnam S, Cagliano R, Grijalvo M. How should firms reconcile their open innovation capabilities for incorporating external actors in innovations aimed at sustainable development?[J]. Journal of Cleaner Production, 2018,170(1):950-965.

[153] Vuola O, Hameri A P. Mutually benefiting joint innovation process between industry and big-science[J]. Technovation, 2006,26(1):3-12.

[154] Faria P D, Lima F, Santos R. Cooperation in innovation activities: the importance of partners[J]. Research Policy, 2010,39(8):1082-1092.

[155] Schwartz M, Peglow F, Fritsch M, et al. What drives innovation output from subsidized R&D cooperation? project-level evidence from Germany[J]. Technovation, 2012,32(6):358-369.

[156] Lopéz A. Determinants of R&D cooperation: evidence from Spanish manufacturing firms[J]. International Journal of Industrial Organization, 2008,26(1):113-136.

[157] Goeree M S, Helland E A. Do research joint ventures serve a collusive function?[J]. Journal of the European Economic Association, 2022,20(1):430-475.

[158] 陈劲，阳银娟．协同创新的理论基础与内涵[J]. 科学学研究，2012,30(2):161-164.

[159] 王瑞鑫，李玲娟．产学研协同创新的理论框架研究[J]. 科学管理研究，2017,35(5):17-21.

[160] 刘丹，闫长乐．协同创新网络结构与机理研究[J]. 管理世界，2013(12):1-4.

[161] Noni I D, Orsi L, Belussi F. The role of collaborative networks in supporting the innovation performances of lagging-behind European regions[J]. Research Policy,2018,47(1):1-13.

[162] Zhao J Y, Wu G D,Xi X, et al. How collaborative innovation system in a knowledge-intensive competitive alliance evolves? an empirical study on China, Korea and Germany[J]. Technological Forecasting and Social Change, 2018:128-146.

[163] Eisenhardt K M. Building theories from case study research[J]. Academy of Management Review, 1989, 14(4): 532-550.

[164] Yin R K. Case Study Research: Design and Methods[M]. London: Sage, 2003.

[165] Glaser B G, Strauss A L. The Discovery of Grounded Theory: Strategies for Qualitative Research[M]. Chicago: Aldine, 1967.

[166] Glaser B G. Conceptualization: on theory and theorizing using grounded theory[J]. International Journal of Qualitative Methods, 2002, 1(2):1-31.

[167] Stebbins R A. Book review: constructing grounded theory: a practical guide through qualitative analysis[J]. Health, 2006, 10(3):378-380.

[168] Yan A, Gray B. Bargaining power, management control, and performance in United State-China joint venture: a comparative case study[J]. Academy of Management Journal, 1994,37(6):1478-1517.

[169] 陈劲，杨晓惠，郑贤榕，等．知识集聚：科技服务业产学研战略联盟模式：基于网新集团的案例分析[J]. 高等工程教育研究，2009(4):31-36.

[170] 吴晓波，姚明明，吴朝晖，等．基于价值网络视角的商业模式分类研究：

以现代服务业为例[J]. 浙江大学学报(人文社会科学版),2014,44(2):64-77.
[171] 王玲.基于钻石模型的大连发展产业集群的竞争力分析[J].特区经济,2011(12):62-64.
[172] 陈洋,周绿林,李文元.浙江省科技中介机构服务创新制约因素及对策研究[J].科技管理研究,2014,34(11):41-44.
[173] 张新香.商业模式创新驱动技术创新的实现机理研究:基于软件业的多案例扎根分析[J].科学学研究,2015,33(4):616-626.
[174] Yin R K. Case Study Research: Design and Methods [M]. London: Sage Publications, 1989.
[175] Glaser B G. Basics of Grounded Theory Analysis: Emergence vs Forcing [M]. Mill Valley: Sociology Press, 1992.
[176] Miles M B, Huberman A M. Qualitative data analysis: an expanded sourcebook [J]. Sage, 1994, 60(100):105-138.
[177] Holsti O R. Content Analysis for the Social Sciences and Humanities [M]. Upper Saddle River: Addison-Wesley, 1969.
[178] Glaser B G. Basics of Grounded Theory Analysis: Emergence vs Forcing [M]. Mill Valley: Sociology Press, 1992.
[179] 梅强,李文元.江苏省科技服务业发展现状与对策研究[M].北京:经济科学出版社,2010.
[180] 于旭,项亚男.社会智库知识服务能力体系构建研究[J].情报杂志,2021,40(1):132-138.
[181] Fleming L,Mingo S, Chen M D. Collaborative brokerage, generative creativity, and creative success [J]. Administrative Science Quarterly, 2007,52(3):443-475.
[182] 李文鹣,田红云,李文元,等.科技型小企业与服务中介机构组织互动影响因素的实证研究[J].技术经济,2017,36(11):33-40.
[183] 张小峰,房汉廷.科技成果熟化的共生目标模式研究[J]. 科技进步与对策,2013,30(11):15-19.

[184] 龚瑜凡 . 科技服务企业知识体系演化过程与影响因素研究 [D]. 大连 : 大连理工大学 ,2020.

[185] 高孟立 . 合作创新中机会主义行为的相互性及治理机制研究 [J]. 科学学研究 ,2017,35(9)：1422−1433.

[186] Miller D J, Fern M J, Cardinal L B. The use of knowledge for technological innovation within diversified firms[J]. The Academy of Management Journal, 2007,50(2):307−325.

[187] Hansen M T. The search−transfer problem: the role of weak ties in sharing knowledge across organization subunits[J]. Administrative Science Quarterly, 1999,44(1):82−111.

[188] Zhang Y, Li H Y. Innovation search of new ventures in a technology cluster: the role of ties with service intermediaries[J]. Strategic Management Journal, 2010,31(1):88−109.

[189] 李瑶 , 史莹莹 , 张钰 , 等 . 治理机制选择与知识转移质量研究 [J]. 科学学研究 ,2021,39(10)：1812−1820.

[190] Egbetokun A, Savin I. Absorptive capacity and innovation: when is it better to cooperate?[J]. Journal of Evolution Economics, 2014,24(2):399−420.

[191] Kim L. Crisis construction and organizational learning[J]. Organization Science, 1998,9(4):506−521.

[192] 董佳敏 , 刘人境 , 严杰 , 等 . 知识分享意愿和隐性知识对组织学习绩效的交互影响 [J]. 管理评论 ,2021,33(2):153−163.

[193] 包凤耐 , 彭正银 . 网络能力视角下企业关系资本对知识转移的影响研究 [J]. 南开管理评论 , 2015,18(3):95−101.

[194] Teece D J, Pisano G, Shuen A. Dynamic Capabilities and Strategic Management [M].New York:Oxford University Press, 2009.

[195] Lee P, Chen H, Shyr Y. Driving dynamic knowledge articulation and dynamic capabilities development of service alliance firms[J].The Service Industries Journal, 2011,31(13):2223−2242.

[196] Gold A H, Malhotra A, Segars A H. Knowledge management: an organizational capabilities perspective[J]. Journal of Management Information Systems, 2015,18 (1):185–214.

[197] Strambach S. Innovation Process and the Role of Knowledge–Intensive Business Services (KIBS)[M]. Physica–Verlag HD: Innovation Networks, 2001.

[198] Chesbrough H,Vanhaverbeke W, West J, et al. Open innovation: researching a new paradigm [J]. Wim Vanhaverbeke, 2010, 84(4):1259–1268.

[199] Phelps C, Heidl R, Wadhwa A. Knowledge, networks, and knowledge networks: a review and research agenda[J]. Journal of Management, 2012,38(4):1115–1166.

[200] 魏奇锋，徐霞，杨力．中外文知识管理研究可视化对比分析：现状、热点与演化趋势[J]. 科技管理研究，2021,41(7):132–139.

[201] 朱建民，丁莹莹．知识型企业人力资本对创新绩效的影响：基于知识管理能力视角[J]. 科技管理研究，2017,37(11):141–147.

[202] Figueiredo P N. Learning, capability accumulation and firms differences: evidence from latecomer steel [J]. Industrial and Corporate Change, 2003,12(3):607–643.

[203] March J G. Exploration and exploitation in organizational learning [J]. Organization Science, 1991,2(1):71–87.

[204] Girdauskiene L, Savabeviciene A. Influence of formalization on effective knowledge management in a creative organization[J]. International Journal of Knowledge Culture and Change Management, 2012, 11(6): 11–28.

[205] Lee P, Chen H, Shyr Y. Driving dynamic knowledge articulation and dynamic capabilities development of service alliance firms[J]. The Service Industries Journal, 2011, 31(13): 2223–2242.

[206] 周青，吴童祯，杨伟，等．面向“一带一路”企业技术标准联盟的驱动因

素与作用机制研究：基于文本挖掘和程序化扎根理论融合方法[J]. 南开管理评论，2021，24(3)：150-161.

[207] 贾旭东，衡量．扎根理论的“丛林”、过往与进路[J]. 科研管理，2020，41(5)：151-163.

[208] 李娟，刘慧玲．供应链金融智慧化创新的内在机理研究：基于扎根理论的探索性分析[J]. 技术经济与管理研究，2021(1)：66-70.

[209] Howells J. Intermediation and the role of intermediaries in innovation [J]. Research Policy, 2006, 35(5):715-728.

[210] Kelley S W, Donnelly J H, Skinner S J. Customer participation in service production and delivery[J]. Journal of Retailing, 1990, 66(3):315-335.

[211] Vargo S L, Lusch R F. Evolving to a new dominant logic for marketing [J]. Journal of Marketing, 2004,68(1):1-17.

[212] 孟庆涛，徐雨森．知识关联对科技服务组织的作用机制研究[J]. 管理案例研究与评论，2018，11(4)：380-393.

[213] 孟庆涛，徐雨森，李海波．科技服务组织类型与支撑能力组合研究[J]. 科研管理，2020，41(10)：156-163.

[214] 刘则渊．关于教育、科技、经济一体化的理论构建：一种人类活动系统的全息结构图像，论科学技术与发展[M]. 大连：大连理工大学出版社，1997.

[215] Anklam P. Knowledge management: the collaboration thread[J]. Bulletin of the American Society for Information Science and Technology,2002,28(6):8-11

[216] 樊治平，冯博，俞竹超．知识协同的发展及研究展望[J]. 科学学与科学技术管理，2007(11)：85-91.

[217] Karlenzig, Warren.Tap into the power of knowledge collaboration[J]. Customer Interaction Solutions, 2002,20(11):22-26.

[218] Pereira A,Vence X.The role of KIBS and consultancy in the emergence of circular oriented innovation[J].Journal of Cleaner Production, 2021,302(15):1-10.

[219] Tsai W. Knowledge transfer in intraorganizational networks: effects of network position and absorptive capacity on business unit innovation and performance [J]. Academy of Management Journal, 2001, 44(5):996–1004.

[220] 高孟立 . 合作创新中机会主义行为的相互性及治理机制研究 [J]. 科学学研究 ,2017,35(9): 1422–1433.

[221] Boom C E, Peabaena N R. Analysis of the development of industrial symbiosis in emerging and frontier market countries: barriers and drivers[J]. Sustainability, 2022,14(7):1–32.

[222] 潘秋玥 , 魏江 , 黄学 . 研发网络节点关系嵌入二元拓展 , 资源整合与创新能力提升 : 鸿雁电器 1981–2013 年纵向案例研究 [J]. 管理工程学报 ,2016,30(1):19–25.

[223] Rihoux B, Ragin C C. Configurational Comparative Methods: Qualitative Comparative Analysis (QCA) and Related Techniques [M]. London: Sage Publications, 2008.

[224] Furnari S, Crilly D, Misangyi V F, et al. Capturing causal complexity: heuristics for configurational theorizing[J]. Academy of Management Review, 2021,46(4):778–799.

[225] Russo I,Confente I. From dataset to Qualitative Comparative Analysis (QCA): challenges and tricky points: a research note on contrarian case analysis and data calibration [J]. Australasian Marketing Journal, 2019,27(2):129–135.

[226] Capatina A, Micu A, Micu A E, et al. Country–based comparison of accommodation brands in social media: an fsQCA approach[J]. Journal of Business Research, 2018,89(8):235–242.

[227] Timberlake M. The comparative method: moving beyond qualitative and quantitative strategies [J]. Social Forces, 1989,67(3):827–829.

[228] Ragin C C. Fuzzy–set Social Science [M].Chicago: University of Chicago Press, 2000.

[229] 杜运周，李佳馨，刘秋辰，等．复杂动态视角下的组态理论与QCA方法：研究进展与未来方向[J]. 管理世界，2021,37(3):180-197.

[230] Linton G O, Kask J. Configurations of entrepreneurial orientation and competitive strategy for high performance [J]. Journal of Business Research, 2017,70(1):168-176.

[231] 赵云辉，陶克涛，李亚慧，等．中国企业对外直接投资区位选择：基于QCA方法的联动效应研究[J]. 中国工业经济，2020(11):118-136.

[232] 杜运周，贾良定．组态视角与定性比较分析(QCA)：管理学研究的一条新道路[J]. 管理世界，2017(6):155-167.

[233] Schneider C Q, Wagemann C. Reducing complexity in Qualitative Comparative Analysis (QCA): remote and proximate factors and the consolidation of democracy[J]. European Journal of Political Research, 2010, 45(5):751-786.

[234] Schneider C Q, Wagemann C. Set-Theoretic Methods for the Social Sciences: A Guide to Qualitative Comparative Analysis [M]. Cambridg: Cambridge University Press, 2012.

[235] Du J, Leten B, Vanhaverbeke W. Managing open innovation projects with science-based and market-based partners[J]. Research Policy, 2014,43(5):828-840.

[236] Anning-Dorson T. Customer involvement capability and service firm performance: the mediating role of innovation[J]. Journal of Business Research, 2018:269-280.

[237] 詹湘东，谢富纪．外部知识网络与企业技术能力：知识距离的调节作用[J]. 科学学与科学技术管理，2019,40(4):76-93.

[238] Cilesiz S, Greckhamer T. Qualitative comparative analysis in education research: its current status and future potential[J]. Review of Research in Education, 2020,44(1):332-369.

[239] 裴旭东，王伯英，李娜．资源编排视角下企业众包能力的提升机理研究[J]. 科技管理研究，2020,40(19):184-190.

[240] 乌日汗，陈东，李东红．竞合伙伴的知识多样性如何影响创新绩效：知识管理的调节作用[J]. 技术经济，2021，40(10)：45–63.

[241] 李小娟．知识管理、劳动关系与创新绩效耦合协调性研究：以湖南省14个市州企业为例[J]. 湖南大学学报（社会科学版），2021，35(6)：90–96.

[242] Fiss P C. Building better causal theories：a fuzzy set approach to typologies in organization research [J]. Academy of Management Journal，2011，54(54)：393–420.

[243] Ricciardi F，Zardini A，Czakon W，et al. Revisiting the cooperation competition paradox：A configurational approach to short–andlong–term coopetition performance in business networks[J]. European Management Journal，2022，40(3)：320–331.

[244] 芮夕捷．从经济逻辑与产品知识创造看企业技术创新[J]. 西北大学学报（哲学社会科学版），2022，52(1)：104–111.

[245] Abualoush S，Obeidat A M，Abusweilema M A，et al. How does entrepreneurial leadership promote innovative work behaviour? through mediating role of knowledge sharing and moderating role of person–job fit[J]. International Journal of Innovation and Technology Management，2022，26(1)：1–27.

[246] 孙天慈，孟宇．英国创新模式下的产学研合作落后于美国？：基于大学知识生产与转移的考察[J]. 清华大学教育研究，2022，43(1)：137–148.

[247] Bi J X，Sarpong D，Botchie D，et al. From imitation to innovation：the discursive processes of knowledge creation in the Chinese space industry[J]. Technological Forecasting and Social Change，2017：261–270.

[248] 桂嘉伟，吴群琪．新三板科技服务企业融资效率与财务风险研究[J]. 科技进步与对策，2019，36(12)：115–124.

附录 A　访谈提纲

重点围绕以下几个方面对科技服务企业开展关于自身知识资本和能力体系的深入调研访谈。

企业名称：____

访谈时间：____________________访谈地点：______________

访谈对象：____________________现任职务：______________

一、企业基本情况

1. 请介绍贵公司发展历程大致划分的阶段，每个阶段的里程碑事件是什么？

2. 贵公司主营业务是什么？主要涉及科技服务领域的哪些业务？

3. 贵公司近三年营业收入如何？所处行业发展如何？有哪些新的发展趋势？

4. 贵公司在行业中所处的位置如何？有哪些核心竞争力？

二、企业知识资本和能力体系的情况

1. 请介绍贵公司在业务开展中需要哪些专业知识？能否针对一个具体项目进行介绍？

2. 贵公司与高校、科研院所有哪些合作？合作程度和频次如何？

3. 贵公司与其他科技服务企业有哪些合作？合作的程度和频次如何？合作的方式有哪些？

4. 贵公司与所服务对象有没有建立产业技术创新联盟等方式的合作？如有，请介绍一下具体情况。

5. 贵公司有没有建立本公司内部专门知识地图？有没有知识管理制度？如有，请阐述制度如何执行，效果如何。

6. 贵公司有没有建立本公司的企业大学或培训中心？

7. 贵公司在为客户提供服务时，需要具备哪些能力，请介绍一下相关内容？

8. 贵公司在与高校、科研院所建立关联时需要哪些能力？

9. 贵公司在于其他类型科技服务企业相互合作中需要哪些能力？

10. 贵公司与国外高校院所有没有合作？合作程度和频次如何？期间需要哪些能力？

11. 贵公司有没有开展国外业务？业务开展效果如何？期间需要哪些能力？

附录 B　调查问卷

尊敬的女士 / 先生：

您好！感谢您在百忙之中填写问卷，请根据您的实际感受和客观看法填写，问卷采用匿名方式，所有数据仅供学术研究分析使用。本问卷是为了开展科技服务企业知识资本与能力体系研究之用，目的是识别科技服务企业能力体系构建中知识资本的构建和作用，以促进科技服务企业服务能力提升。

所谓企业发展阶段是指企业从市场立足到服务增强再到全面发展的各阶段。其中，市场立足阶段是指企业通过分别与创新知识源头或市场服务主体建立单向关联或单纯利用企业现有的知识资源开展科技服务活动；服务增强阶段是指企业对科技服务链条上研究开发、技术转移、知识产权等不同主体的科技服务活动进行整合，通过与不同创新主体的合作研发、跨部门知识共享等开展科技服务活动；全面发展阶段是指企业通过发挥创新链条上包括高校、科研院所、其他服务企业以及行业企业等不同创新主体全面协同作用开展科技服务活动。

请您基于所供职企业若干发展里程碑事件客观进行发展阶段划分，并分别给予打分。

一、您的基本情况

1. 您的性别：

○ A 男

○ B 女

2. 您的年龄：

○ A 25 岁以下

○ B 26–35 岁

○ C 36–45 岁

○ D 45 岁以上

3. 您的最高学历

○ A 专科以下

○ B 专科
○ C 本科
○ D 硕士
○ E 硕士以上

4. 您的工作年限
○ A 1年以下
○ B 1–5年
○ C 6–10年
○ D 10年以上

5. 您的工作单位及岗位：

____

6. 您工作单位的类型是：
○ A 研究和试验发展
○ B 专业技术服务业
○ C 软件和信息技术服务业
○ D 科技推广和应用服务业
○ E 其他科技服务业

二、企业市场立足阶段

（一）科技服务企业知识资本的情况

题项中的分值表示从非常不符合到非常符合依次渐进，请客观选择最符合的分值。	非常不符合——非常符合				
	1	2	3	4	5
A1 企业与作为技术创新源头的高校院所具有非常紧密的合作					
A2 企业的研发人才规模和质量在行业内具有领先地位					
A3 企业掌握多领域内突破性技术					
B1 企业拥有非常多的科技服务共享资源					
B2 企业与其他科技服务企业保持非常密切的关联和合作					
B3 企业能非常好地利用产业集聚实现服务链多主体协同					
C1 企业拥有非常多的市场客户资源					

续表

题项中的分值表示从非常不符合到非常符合依次渐进，请客观选择最符合的分值。	非常不符合——非常符合				
	1	2	3	4	5
C2 企业与市场主体建立的产业技术联盟在领域内具有非常大的影响力					
C3 企业对市场主体的科技服务需求具有非常强的把握					
D1 企业建有非常好的专业知识库以供组织内部学习					
D2 企业各部门之间通过业务协同机制能非常好地开展工作					
D3 企业组建有企业大学，并能发挥很好的作用					
E1 企业能非常好地通过跨组织知识寻求机制扩展自身知识库					
E2 企业与境外主体国际合作程度很高					
E3 企业与其他创新主体组建有产学研联盟，并能很好地发挥作用					
F1 企业具有非常好的知识存量积累机制					
F2 企业能非常及时地开展知识缺口探查					
F3 企业建立有非常好的知识库管理制度					
G1 企业非常重视组织学习					
G2 企业知识型组织建设成效显著					

（二）科技服务企业能力体系的情况

题项中的分值表示从非常不符合到非常符合依次渐进，请客观选择最符合的分值。	非常不符合——非常符合				
	1	2	3	4	5
H1 企业具有非常强的核心技术研发能力					
H2 企业具有非常强的知识消化吸收能力					
H3 企业具有非常强的研究成果推广和应用能力					
H4 企业具有非常强的市场需求对接能力					
H5 企业具有非常强的客户需求差异化识别能力					
H6 企业能非常强的行业变化和国家政策挖掘能力					
I1 企业具有非常强的合作研发能力					
I2 企业具有非常强的跨部门知识共享能力					

续表

题项中的分值表示从非常不符合到非常符合依次渐进，请客观选择最符合的分值。	非常不符合——非常符合				
	1	2	3	4	5
I3 企业具有非常强的创新创业孵化能力					
I4 企业具有非常强的合作式服务创新能力					
I5 企业具有非常强的技术适应性改进能力					
I6 企业具有非常强的用户需求关联能力					
J1 企业具有非常强的组织学习能力					
J2 企业具有非常强的知识库扩充能力					
J3 企业具有非常强的产学研协作能力					
J4 企业具有非常强的技术咨询能力					
J5 企业具有非常强的技术熟化能力					
J6 企业具有非常强的技术商业化能力					
J7 企业具有非常强的技术产业化能力					
K1 企业具有非常强的跨境技术引进能力					
K2 企业具有非常强的跨境知识资源对接能力					
K3 企业具有非常强的跨境技术合作能力					
K4 企业具有非常强的跨境技术输出能力					

三、企业服务增强阶段

（一）科技服务企业知识资本的情况

题项中的分值表示从非常不符合到非常符合依次渐进，请客观选择最符合的分值。	非常不符合——非常符合				
	1	2	3	4	5
A1 企业与作为技术创新源头的高校院所具有非常紧密的合作					
A2 企业的研发人才规模和质量在行业内具有领先地位					
A3 企业掌握多领域内突破性技术					
B1 企业拥有非常多的科技服务共享资源					
B2 企业与其他科技服务企业保持非常密切的关联和合作					

续表

题项中的分值表示从非常不符合到非常符合依次渐进，请客观选择最符合的分值。	非常不符合——非常符合				
	1	2	3	4	5
B3 企业能非常好地利用产业集聚实现服务链多主体协同					
C1 企业拥有非常多的市场客户资源					
C2 企业与市场主体建立的产业技术联盟在领域内具有非常大的影响力					
C3 企业对市场主体的科技服务需求具有非常强的把握					
D1 企业建有非常好的专业知识库以供组织内部学习					
D2 企业各部门之间通过业务协同机制能非常好地开展工作					
D3 企业组建有企业大学，并能发挥很好的作用					
E1 企业能非常好地通过跨组织知识寻求机制扩展自身知识库					
E2 企业与境外主体国际合作程度很高					
E3 企业与其他创新主体组建有产学研联盟，并能很好地发挥作用					
F1 企业具有非常好的知识存量积累机制					
F2 企业能非常及时地开展知识缺口探查					
F3 企业建立有非常好的知识库管理制度					
G1 企业非常重视组织学习					
G2 企业知识型组织建设成效显著					

（二）科技服务企业能力体系的情况

题项中的分值表示从非常不符合到非常符合依次渐进，请客观选择最符合的分值。	非常不符合——非常符合				
	1	2	3	4	5
H1 企业具有非常强的核心技术研发能力					
H2 企业具有非常强的知识消化吸收能力					
H3 企业具有非常强的研究成果推广和应用能力					
H4 企业具有非常强的市场需求对接能力					
H5 企业具有非常强的客户需求差异化识别能力					
H6 企业能非常强的行业变化和国家政策挖掘能力					
I1 企业具有非常强的合作研发能力					

续表

题项中的分值表示从非常不符合到非常符合依次渐进，请客观选择最符合的分值。	非常不符合——非常符合				
	1	2	3	4	5
I2 企业具有非常强的跨部门知识共享能力					
I3 企业具有非常强的创新创业孵化能力					
I4 企业具有非常强的合作式服务创新能力					
I5 企业具有非常强的技术适应性改进能力					
I6 企业具有非常强的用户需求关联能力					
J1 企业具有非常强的组织学习能力					
J2 企业具有非常强的知识库扩充能力					
J3 企业具有非常强的产学研协作能力					
J4 企业具有非常强的技术咨询能力					
J5 企业具有非常强的技术熟化能力					
J6 企业具有非常强的技术商业化能力					
J7 企业具有非常强的技术产业化能力					
K1 企业具有非常强的跨境技术引进能力					
K2 企业具有非常强的跨境知识资源对接能力					
K3 企业具有非常强的跨境技术合作能力					
K4 企业具有非常强的跨境技术输出能力					

四、企业全面发展阶段

（一）科技服务企业知识资本的情况

题项中的分值表示从非常不符合到非常符合依次渐进，请客观选择最符合的分值。	非常不符合——非常符合				
	1	2	3	4	5
A1 企业与作为技术创新源头的高校院所具有非常紧密的合作					
A2 企业的研发人才规模和质量在行业内具有领先地位					
A3 企业掌握多领域内突破性技术					
B1 企业拥有非常多的科技服务共享资源					

续表

题项中的分值表示从非常不符合到非常符合依次渐进，请客观选择最符合的分值。	非常不符合——非常符合				
	1	2	3	4	5
B2 企业与其他科技服务企业保持非常密切的关联和合作					
B3 企业能非常好地利用产业集聚实现服务链多主体协同					
C1 企业拥有非常多的市场客户资源					
C2 企业与市场主体建立的产业技术联盟在领域内具有非常大的影响力					
C3 企业对市场主体的科技服务需求具有非常强的把握					
D1 企业建有非常好的专业知识库以供组织内部学习					
D2 企业各部门之间通过业务协同机制能非常好地开展工作					
D3 企业组建有企业大学，并能发挥很好的作用					
E1 企业能非常好地通过跨组织知识寻求机制扩展自身知识库					
E2 企业与境外主体国际合作程度很高					
E3 企业与其他创新主体组建有产学研联盟，并能很好地发挥作用					
F1 企业具有非常好的知识存量积累机制					
F2 企业能非常及时地开展知识缺口探查					
F3 企业建立有非常好的知识库管理制度					
G1 企业非常重视组织学习					
G2 企业知识型组织建设成效显著					

（二）科技服务企业能力体系的情况

题项中的分值表示从非常不符合到非常符合依次渐进，请客观选择最符合的分值。	非常不符合——非常符合				
	1	2	3	4	5
H1 企业具有非常强的核心技术研发能力					
H2 企业具有非常强的知识消化吸收能力					
H3 企业具有非常强的研究成果推广和应用能力					
H4 企业具有非常强的市场需求对接能力					
H5 企业具有非常强的客户需求差异化识别能力					
H6 企业能非常强的行业变化和国家政策挖掘能力					

续表

题项中的分值表示从非常不符合到非常符合依次渐进，请客观选择最符合的分值。	非常不符合——非常符合				
	1	2	3	4	5
I1 企业具有非常强的合作研发能力					
I2 企业具有非常强的跨部门知识共享能力					
I3 企业具有非常强的创新创业孵化能力					
I4 企业具有非常强的合作式服务创新能力					
I5 企业具有非常强的技术适应性改进能力					
I6 企业具有非常强的用户需求关联能力					
J1 企业具有非常强的组织学习能力					
J2 企业具有非常强的知识库扩充能力					
J3 企业具有非常强的产学研协作能力					
J4 企业具有非常强的技术咨询能力					
J5 企业具有非常强的技术熟化能力					
J6 企业具有非常强的技术商业化能力					
J7 企业具有非常强的技术产业化能力					
K1 企业具有非常强的跨境技术引进能力					
K2 企业具有非常强的跨境知识资源对接能力					
K3 企业具有非常强的跨境技术合作能力					
K4 企业具有非常强的跨境技术输出能力					

ISBN 978-7-5142-4156-3

定价：72.00元